EXPOSITION

DES

PREMIERS PRINCIPES DE L'ÉQUILIBRE

ET DU MOUVEMENT.

OUVRAGES ÉLÉMENTAIRES DU MÊME AUTEUR

QUI SE TROUVENT CHEZ LES MÊMES LIBRAIRES.

f. c.

PRATIQUE DU TOISÉ GÉOMÉTRIQUE, mise à la portée des personnes qui savent les quatre règles ; ouvrage orné de 13 grandes planches, in-8° sur in-12............ 2 50

PREMIÈRE PARTIE DE L'ARITHMÉTIQUE PRATIQUE....... » 60

DEUXIÈME PARTIE complétant l'enseignement élémentaire du calcul pour les écoles d'enseignement supérieur et les écoles normales....................... 1 75

ARITHMÉTIQUE COMPLÈTE. 2 25

EXPOSITION

DES

PREMIERS PRINCIPES DE L'ÉQUILIBRE

ET DU MOUVEMENT,

Pour servir d'introduction

A LA MÉCANIQUE INDUSTRIELLE.

OUVRAGE MIS A LA PORTÉE DE TOUTES LES ÉCOLES OU L'ON ENSEIGNE
L'ARITHMÉTIQUE COMPLÈTE ET LES PREMIÈRES NOTIONS
DE LA GÉOMÉTRIE.

Par M. Desnanot,

Ancien Recteur, Docteur ès sciences, Membre correspondant de plusieurs Sociétés
savantes.

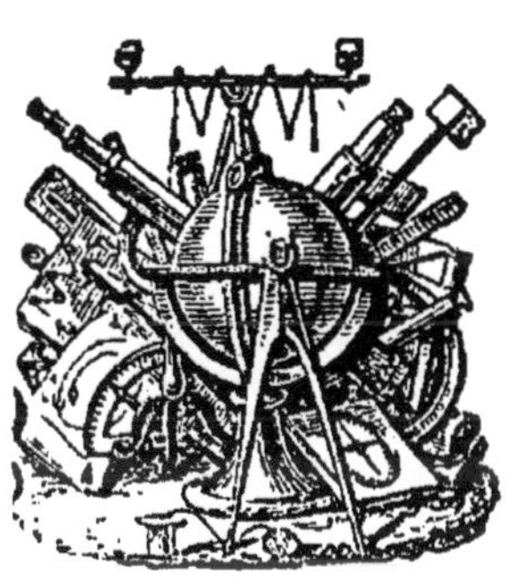

PARIS,

Chez L. HACHETTE, Libraire,
Rue Pierre Sarrazin, n° 11 (près l'École de Médecine) ;

CLERMONT-FERRAND,

Chez ESCOT-BERTHIER, Libraire.

1852.

Clermont-Ferrand, typ. de PEROL.

PRÉFACE.

L'emploi des machines étant devenu presque général dans les ateliers, j'ai pensé que les principes élémentaires de l'équilibre et du mouvement devaient précéder l'instruction professionnelle, afin que les ouvriers, les mécaniciens, les chefs d'ateliers, les propriétaires d'usines et autres, pussent, avec un peu d'intelligence et une bonne instruction primaire, acquérir les notions dont ils auraient besoin.

Depuis longtemps j'aurais voulu rendre la dynamique et l'hydrodynamique indépendantes du calcul différentiel et intégral. J'y parvenais au moyen du binome de Newton et de quelques propriétés des nombres figurés. J'aurais ainsi rapproché la mécanique des écoles secondaires ; mais il aurait fallu faire passer un peu d'application usuelle dans l'enseignement des sciences, et ce n'était pas la direction qu'il avait prise. Ce travail, lors même qu'il serait publié, ne suffirait pas maintenant ; il faut que cette science, en ce qu'elle a de simple, de facile et d'usuel, descende plus bas ; qu'elle soit accessible à un plus grand nombre de personnes, et qu'elle conserve dans ses développements la rigueur géométrique, pour prévenir des écarts et quelquefois d'inutiles dépenses. Tel est l'objet de l'ouvrage que je publie. Je ne me dissimule pas les difficultés que présente l'exécution de ce dessein, et je suis loin de croire que je les ai toutes levées, quoique j'aie fait l'essai de cet enseignement, et qu'il ait réussi au point de me persuader que cette *Introduction à la mécanique industrielle* conviendra, je ne dis pas aux écoles primaires élémentaires, mais à toutes les écoles où l'on enseigne l'arithmétique complète et les premières notions de la géométrie.

Les anciens auteurs qui ont posé les fondements de la statique, et quelques savants ouvrages modernes, m'ont fourni le principe du levier, d'où j'ai déduit le parallélogramme des forces, la théorie des forces parallèles, la composition et la décomposition des forces, enfin les règles de l'équilibre et les lois du mouvement des corps.

J'ai fait précéder d'un astérisque les propositions et les paragraphes moins utiles ou qu'on pourra passer à la première lecture. J'ai indiqué par des lettres ordinaires, renfermées entre des parenthèses, les notes placées à la fin de l'ouvrage, pour donner, comme autant de lemmes, de simples propositions de géométrie qu'on ne trouve pas dans les éléments, ou des démonstrations qui complètent la théorie des règles pratiques, ainsi que la note (k) relative aux moments des forces parallèles.

Si des ouvriers, des élèves, voulaient parcourir ce livre, seuls et sans maître, et y puiser des connaissances, je me permettrais de leur donner ici quelques conseils qu'ils ne trouveront pas déplacés de la part d'un ancien universitaire, formé par sa propre expérience à ce genre d'instruction.

Avant de prendre cette résolution, ils devront savoir l'arithmétique, et particulièrement les propriétés des proportions employées dans l'ouvrage; connaître les premiers principes de la géométrie, et surtout ce qui constitue l'égalité et la similitude des triangles.

La première proposition, relative à un levier droit, est comme un axiome dont personne ne conteste l'exactitude; on en déduit la seconde, qui ne laisse dans l'esprit aucun doute. Elle conduit au principe du levier droit, qu'il faudra appliquer à un grand nombre d'exemples; comme on en voit au n° 17. Pour les calculs, on prendra de grands nombres, des fractions, des nombres décimaux. On passera ensuite au levier angulaire, qui revient au levier droit, si l'on substitue les bras de levier aux parties du levier droit comprises entre le point d'appui et les points d'application des forces. On remarquera que l'effort, l'énergie, le moment d'une force pour faire tourner le levier autour du point fixe est un produit, et qu'il y a équilibre lorsque les moments des deux forces sont égaux. Il faut varier les exemples, raisonner et calculer; c'est un moyen certain de graver dans son esprit le principe et les mots qui servent à l'exprimer. La charge du point d'appui était donnée par la somme des forces dans le levier droit. Il n'en est pas ainsi dans le levier angulaire; la diagonale du parallélogramme des forces la donnera en même temps que la direction. Les questions à résoudre entre les composantes et la résultante, se présenteront à chaque instant, elles se réduisent à la construction d'un parallélogramme ou d'un triangle. Construisez-en plusieurs, en prenant des unités aussi grandes que vous le pourrez, mesurez exactement; et s'il arrivait que l'unité fût très-petite, portez la ligne à mesurer sur une droite, au moins dix fois, mesurez cette longueur et divisez-la par le nombre de fois que vous aurez porté la diagonale sur la droite , le quotient sera sa mesure (il est entendu que cette opération demande un compas à pointes très-aiguës). L'astérisque placé au n° 29 vous avertit de passer outre , vous y reviendrez plus tard.

La composition et la décomposition des forces parallèles ou de celles qui concourent, ne vous embarrassera point. Prenez divers exemples, construisez toujours avec exactitude , insistez sur les cas où les composantes parallèles agissent en sens contraire; comparez-les au levier. Aux n⁰ˢ 34 et 38 , les astérisques vous avertiront de réserver la lecture pour un autre moment. La note (k) vous présentera des applications en nombres, et plus tard vous apprécierez les simplifications que vous y trouverez. Quel que soit le nombre des composantes, leur résultante, prise en sens contraire , établit l'équilibre. Voilà le principe de tout équilibre , vous le sentirez sans peine et vous le conserverez dans votre esprit. Le centre des forces parallèles est un point unique dans ce système de forces; il devient le centre de gravité , lorsque les forces sont des effets de la pesanteur agissant sur des points matériels. Construisez , calculez, pour trouver le centre de gravité des lignes , des surfaces et des solides. Vous fortifierez votre instruction , qui ne sera positive que lorsque vous appliquerez les principes sans hésitation. Souvenez-vous que les applications sont la pierre de touche de la théorie.

Dans les machines simples , la condition de l'équilibre est facile à trouver ; la vis même qui revient au plan incliné et au levier, ou encore à deux leviers, ne vous embarrassera pas , si vous concevez sa formation , si vous consultez et faites ce qui est recommandé au paragraphe , entre deux parenthèses, page 46.

Vous lirez, avant de passer au mouvement des corps, le chapitre des obstacles qui s'opposent au mouvement des corps. Il n'y a là que l'application des données de l'expérience et des calculs à exécuter avec soin. Le mouvement uniforme en ligne droite se présente le premier , insistez sur la question, au n° 127 ; changez le temps, la vitesse et l'intervalle entre les actions de la force instantanée; opérez plusieurs fois , et vous aurez traité le mouvement uniformément accéléré qu'engendre la pesanteur agissant sur un corps libre , ainsi que vous le verrez plus tard , note (g). Des problèmes utiles vous occuperont, parce qu'il faut employer l'une des quatre proportions générales qui résolvent tous ces cas. Cherchez la solution sans le secours du livre, comme un essai de vos forces. Si vous étiez arrêté, la difficulté est plus haut, puisque ce que nous ne savons pas est une déduction de ce que nous savons, quand nous procédons par ordre.

On est curieux de voir comment on peut suivre une bombe dans l'espace et tracer sa route. Vous y parviendrez aisément, si vous construisez les polygones, lorsque des forces instantanées agissent sur le mobile suivant des directions données, et après des temps connus. La question sous le n° 147 est pour la courbe décrite par une bombe, ce que la question, au n° 127, a été par rapport au mouvement uniformément accéléré. Tracez donc des polygones avec des nombres à volonté, et vous apprendrez par ces opérations quel est l'instant de la moindre vitesse, quelle est l'étendue de l'amplitude, qui peut vous conduire à la vitesse initiale. Lorsqu'on s'exerce, on gagne en instruction.

Si, en étudiant ainsi, des difficultés vous arrêtaient, ne vous découragez point : le travail et la persévérance les feront disparaître ; recommencez la lecture du livre, tout s'aplanira. Votre instruction sera plus ferme, et vous acquerrez une facilité qui vous sera plus d'une fois utile.

Je n'ai pas à m'étendre sur le choc des corps, sur leur mouvement autour d'un axe, sur le centre de percussion et d'oscillation ; cette partie du livre découle des précédentes.

Le peu d'étendue que j'ai donnée à l'équilibre des liquides, et à tout ce qui regarde les fluides en général, ne fera pas naître de difficultés. Ce sont des connaissances usuelles à la portée de tout homme qui pense. Au reste, toutes les propositions sont classées dans un ordre convenable et démontrées ; en suivant avec attention, vous les comprendrez parfaitement.

AVERTISSEMENT.

Au commencement des principaux articles, on trouve des nombres, cités entre parenthèses dans l'ouvrage, ils indiquent qu'il faut avoir présent à l'esprit ce qui a été dit ou démontré à l'article cité.

EXPOSITION

DES

PREMIERS PRINCIPES DE L'EQUILIBRE

ET DU MOUVEMENT,

Pour servir d'introduction

A LA MÉCANIQUE INDUSTRIELLE.

----∞—----

PRINCIPES GÉNÉRAUX.

1. On appelle *corps* tout ce qui tombe sous nos sens, tout ce que nous pouvons voir et toucher.

On dit qu'il y a *mouvement* dans un corps lorsque ce corps, ou quelques-unes de ses parties, sont transportées d'un lieu dans un autre.

On nomme *repos* l'état d'un corps dans lequel on ne remarque pas de mouvement, et lorsque aucune cause de mouvement n'agit sur ce corps.

L'expérience nous apprend que les corps simplement matériels ne se mettent point en mouvement par eux-mêmes, et qu'il y a toujours une cause qui le leur imprime. Toute cause qui imprime ou tend à imprimer du mouvement s'appelle *force* ou *puissance*.

2. On entend par *équilibre* l'état d'un corps sollicité par plusieurs forces dont les effets se détruisent. Ce corps paraît en repos.

L'équilibre ne serait pas troublé si l'on appliquait à un corps en équilibre d'autres forces dont les effets se détruisent aussi.

3. Un corps ne peut se donner à lui-même du mouvement dans aucun sens; donc, s'il est mis en mouvement, il se mouvra en ligne droite et toujours de la même manière : il persévèrerait dans cet état, si aucune cause n'agissait sur lui.

4. Les corps pèsent et tendent constamment à se rapprocher de la terre en vertu d'une force qui exerce son action sur tout ce qui est matériel. Cette force, qui se nomme *pesanteur*, agit, comme on sait, en pressant continuellement les corps de haut en bas et suivant la ligne d'aplomb nommée *ligne verticale*. La perpendiculaire à une ligne verticale, est dite *horizontale* ou de *niveau*.

1

5. L'instrument dont on se sert le plus souvent pour soulever les corps et vaincre la pesanteur ou établir l'équilibre, se nomme *levier*. Il a la forme d'une barre droite ou courbe, et quelquefois angulaire. Pour la plus grande simplicité, nous réduirons le levier à une ligne droite inflexible et non pesante, de sorte que nous n'aurons à considérer que les forces ou les poids appliqués au levier. Plus tard nous examinerons les cas où l'on voudrait tenir compte du poids du levier. On nomme *point d'appui* le point sur lequel on appuie le levier.

6. Il est évident que, *si la ligne droite* AB (fig. 1ʳᵉ), *de niveau ou horizontale, soutenue en son milieu* C *par un point inébranlable, est chargée à ses extrémités* A *et* B *de deux poids égaux, il y aura équilibre.* Tout étant égal de part et d'autre, il n'y a pas de raison pour que le levier penche du côté de A plutôt que du côté de B; il y aura donc équilibre entre les deux poids; réciproquement, s'il y a équilibre entre les deux poids, on peut être certain que les poids sont égaux. C'est le cas d'une balance bien exécutée et chargée de deux poids.

Les pressions qui s'exercent en A et en B, peuvent être regardées comme appliquées au-dessus ou au-dessous des points d'application; dans le premier cas, on dit que les forces pressent les points d'application, et dans le second, qu'elles les tirent. Cela revient au même quant aux conséquences à en déduire.

7. Supposons maintenant (fig. 2) trois lignes droites inflexibles, placées de niveau et figurant un triangle ABC; que les points D et E, milieu de AB et de AC, soient deux points fixes. Il est clair que si l'on applique en B et en C deux poids égaux entre eux et un poids double de l'un des deux au point A, il y aura équilibre, puisque le poids en B fera équilibre à la moitié du poids appliqué en A, et que le poids appliqué en C fera équilibre à l'autre moitié. Si je joins le point D au point E par une droite inflexible, il y aura équilibre autour de la droite DE.

Par le milieu F de BC, tirons AF; cette ligne, que je suppose aussi inflexible, divise DE et est elle-même divisée en deux parties égales au point G. Le point F étant aussi sur la ligne inflexible AF devient fixe, et la droite BC forme autour de ce point un levier en équilibre. Les trois poids se font maintenant équilibre, au moyen de deux leviers AF et BC; donc le point F est chargé d'un poids égal à A, double de chacun de l'un des deux poids placés en B et en C; donc, *dans le levier* BC, *le point d'appui est chargé de la somme des deux poids; donc on peut substituer à deux poids égaux un poids double, pourvu qu'il soit placé au milieu de la droite à laquelle ils étaient appliqués.*

8. Réciproquement *on peut, à un poids donné, substituer deux poids égaux chacun à la moitié du premier, pourvu qu'ils soient appliqués à des distances égales du point d'application du premier.*

9. Le point C étant le milieu du levier AB (fig. 3) placé de niveau, si l'on applique en A et en B des poids égaux P et Q, qu'on applique en A′ et en B′, à des distances CA′ = CB′, deux poids égaux P' et Q'; en A'' et en B'', à des distances CA''＝CB'', deux poids égaux P'' et Q'', etc., il y aura équilibre, et le point d'appui C supportera la somme de tous les poids, quel qu'en soit le nombre.

10. Réciproquement on peut, à un poids donné, substituer d'autres poids égaux deux à deux, P et Q, P' et Q', P'' et Q'', etc., pourvu qu'ils soient appliqués à des distances égales du point d'application du point donné; que CA＝CB, CA'＝CB', CA''＝CB'', etc, et que la somme de tous ces poids P et Q, P' et Q', P'' et Q'', etc., soit égale au poids donné.

11. Dans le levier que nous venons de considérer, les pressions des poids s'exercent suivant des droites verticales, de sorte que la direction du levier, le point d'appui et les directions parallèles des pressions sont dans un même plan vertical. Si donc nous voulions considérer d'autres forces appliquées à un levier droit, il faudrait que le levier, le point d'appui et la direction des pressions exercées fussent dans un même plan.

12. Pour avoir l'idée d'une force, il faut connaître sa grandeur et sa direction. On obtient sa grandeur en comparant la force, au moyen du levier, à un poids pris pour l'unité de force, au poids d'un kilogramme, par exemple, et on a ensuite un nombre pour exprimer cette force; mais comme on a besoin de sa direction, il vaut mieux la représenter par une partie de la ligne droite suivant laquelle elle agit. Cette partie de la direction sera comme un nombre, si on la divise en parties égales comme le nombre; par exemple, si la force était égale au poids de 4 kilogrammes, il faudrait que la partie de la ligne droite qui représente la force contînt quatre fois la ligne prise pour unité de longueur, ou qu'elle fût divisée en quatre parties égales. Toutes les forces seraient exprimées par la même unité de longueur. En général, il sera avantageux de prendre pour unité de longueur une des divisions du mètre, subdivisée comme les poids, afin que, dans la pratique, une échelle ou un décimètre divisé en millimètres, donne la mesure des forces.

13. *Dans un levier droit et horizontal, deux poids inégaux, placés de part et d'autre du point d'appui, se maintiendront en équilibre, si les distances des points d'application de ces poids au point d'appui sont en raison inverse de ces mêmes poids.*

Soient AB (fig. 4) le levier, C le point d'appui, P et Q les deux forces; il y aura équilibre si nous avons P : Q :: BC : AC ou P × CA ＝ Q × CB, ce qui revient au même.

Pour fixer les idées, supposons que P ＝ 2ᵏᵍ. et Q ＝ 3ᵏᵍ. Divisons la droite AB en cinq parties égales, autant qu'il y a d'unités dans la somme des deux poids, BC sera de deux parties et AC de trois, puisque nous avons BC : AC :: 2 : 3. Prolongeons le levier de B vers D de trois parties, autant qu'il y a d'unités dans Q, et de A vers E de deux parties, autant qu'il y a d'unités dans P. Le point C sera au milieu du levier ED, puisqu'il y a dix parties, et que CD en a autant que CE. Divisons le poids P en demi-kilogrammes, et remplaçons-le par quatre poids d'un demi-kilogramme, appliqués, deux à la gauche de A, au milieu de chacune des deux divisions, et deux à la droite, au milieu de chacune des deux divisions les plus voisines de A, de telle sorte que ces quatre poids exercent sur le levier la même pression que le poids P. De même, divisons le poids Q en demi-kilogrammes, et remplaçons le poids Q par six poids d'un demi-kilogramme, appliqués, trois à la gauche de B, au milieu de chacune des trois parties les plus voisines de B, et trois à la droite de B, au milieu des trois parties dont le levier a été prolongé de ce côté, de telle sorte que ces six poids exercent sur le levier prolongé la même pression que le poids Q de 3 kilogrammes. Les dix poids d'un demi-kilogramme sont distribués sur la longueur totale du levier prolongé, et placés au milieu de chacune des dix parties du levier. Comme le point C est au milieu des dix poids égaux, cinq à sa gauche et cinq à sa droite, placés deux à deux à égale distance de ce point, il y a nécessairement équilibre (n° 9), et le point C supporte la pression de ces dix poids ou des 5 kilogrammes.

On peut procéder de même dans tous les cas; ainsi la proposition est généralement vraie. Nous disons dans tous les cas; car si l'une des forces ou toutes deux sont représentées par de grands nombres de parties très petites, on les réduira à la même unité, et l'on concevra le levier partagé, après l'avoir prolongé, en deux fois autant de parties égales qu'il y en a en somme dans les deux forces, et l'esprit saisira le grand nombre des parties lorsqu'on ne pourrait pas les rendre sensibles sans confusion.

14. On remarquera que la distance AB représente la charge du point C, quand CB et CA représentent les forces P et Q; que cette charge est une force égale à la somme des deux forces P et Q; que le point C, pour résister aux deux forces P et Q, exerce une action de bas en haut opposée à celle des deux forces dont l'action sur le levier s'exerce de haut en bas; que ces trois forces se font équilibre, et que l'une des trois fait équilibre aux deux autres;

Que la direction des pressions par des poids se trouve perpendiculaire au levier horizontal; que, par conséquent, les pressions sont parallèles.

Lorsque les forces appliquées à un levier agissent dans le même sens et sont parallèles, le point d'appui est entre les deux forces, et sa charge est égale à la somme des deux poids ou des deux forces; mais lorsque les deux forces n'agissent pas dans le même sens, le point d'appui n'est plus entre les deux forces; la force qu'il représente est alors égale à la différence des deux forces et elle agit dans le sens de la plus petite.

15. Pour que cette dernière conséquence ne fasse pas une difficulté, nous allons résoudre la question par les principes déjà employés.

Si l'on applique (fig. 5) *aux points* A *et* B *d'un levier, et perpendiculairement à sa direction, deux forces* P *et* Q *agissant en*

sens contraire ; que le point C soit le point d'appui et qu'on ait
P : Q :: BC : AC, il y aura équilibre, et la charge du point d'ap-
pui sera égale à Q —P, si P est la plus petite.

Supposons que la force Q soit équivalente à la pression de
8 ᵏᵍ et la force P égale à celle de 5 ᵏᵍ. Divisons la droite CA en
huit parties égales, autant qu'il y a d'unités dans la force Q, la
plus grande des deux forces données. La droite BC contiendra
cinq parties, puisque nous avons P : Q :: BC : CA, ou bien 5 : 8 ::
BC : CA, qui donne BC = 5, lorsque CA = 8. Prolongeons le
levier de A vers E de cinq parties, autant qu'il y a d'unités dans
P, et de C vers D, autant qu'il y a d'unités dans la différence
des deux forces. ED contiendra seize parties, deux fois autant
qu'il y a d'unités dans Q ; le point B sera au milieu de ED.

Partageons la force Q en 16 forces égales à 1/2 kilog., appliquons ces forces, agissant dans le sens de Q, au milieu de chacune
des seize parties de DE, et marquons, par des points placés au-
dessous du levier, les points d'application. Ces seize forces exer-
ceront sur le levier la même pression que la force Q (n° 9). De
même, partageons la force P en dix forces égales chacune à
1/2 kilogramme ; appliquons-en cinq au milieu des cinq parties
qui se trouvent à la droite de A et agissant dans le sens de P, et
chacune des cinq autres au milieu des cinq parties les plus voisines de A, du côté de la gauche, agissant aussi dans le sens de P,
et marquons, par des points placés au-dessus du levier, les points
d'application. Ces dix forces, agissant dans le sens de P et parallèlement à cette force, la remplaceront et détruiront chacune
celle qui est appliquée au même point et agissant en sens opposé.
Des seize forces qui remplacent la force Q, il n'en reste que six,
trois à la gauche de C et trois à la droite. C étant au milieu des
points d'application de ces forces, il y a équilibre, et le point
d'appui est chargé d'une pression égale à la différence des
deux forces P et Q, pression qui a lieu dans le sens de la plus
grande. Donc, si l'on applique, etc.

Il est évident que, si des forces quelconques sont appliquées
perpendiculairement à un levier droit, et qu'elles soient parallèles et dans un même plan avec le point d'appui, il y aura équilibre lorsqu'elles seront en raison inverse des distances des points
d'application au point d'appui, ou que les produits de chaque
force par la distance du point d'application au point d'appui
seront égaux ; que la force à laquelle le point d'appui oppose résistance sera égale à la somme des deux forces ou à leur différence, suivant qu'elles agiront dans le même sens ou en sens contraire.

16. Dans le levier, on appelle *puissance* la force employée à
tenir en équilibre l'autre force nommée *résistance*.

Le levier est dit du 1ᵉʳ *genre*, quand le point d'appui est
entre la puissance et la résistance ; du 2ᵐᵉ *genre*, quand la
résistance est entre le point d'appui et la puissance ; et du
3ᵐᵉ *genre*, quand la puissance est entre le point d'appui et la résistance.

Dans la supposition qu'un levier est droit, qu'on fait abstraction de son poids, que les forces parallèles agissent dans le même sens et perpendiculairement à la direction du levier, résoudre les questions suivantes :

La résistance est 325ᵏᵍ et la puissance 52ᵏᵍ ; trouver la charge ou la pression du point d'appui.

La charge est égale à la somme des forces ; elle sera donc 325ᵏᵍ + 52ᵏᵍ = 377ᵏᵍ.

La résistance est 325ᵏᵍ ; sa distance au point fixe, 3,4 ; la puissance est 52ᵏᵍ : trouver la distance au point d'appui.

Nous avons vu (nᶜˢ 13 et 14) que les forces, la résistance et la puissance, sont en raison inverse de leur distance au point d'appui ; nous aurons donc 52ᵏᵍ : 325ᵏᵍ :: 3,4 : x. Multipliant les deux moyens et divisant le produit 1105 par 52, nous trouverons 21,25 pour la distance cherchée.

Soient encore 6ᵏᵍ la résistance, 4 sa distance au point d'appui, et 2ᵏᵍ la puissance ; trouver sa distance au point d'appui, si l'on fait croître la résistance de quantités égales, de 1ᵏᵍ par exemple.

Comme nous venons de le dire, nous aurons cette proportion : 2ᵏᵍ : 6ᵏᵍ :: 4 : x ; 2ᵏᵍ : 7ᵏᵍ :: 4 : x ; 2ᵏᵍ : 8ᵏᵍ :: 4 : x ; 2ᵏᵍ : 9ᵏᵍ :: 4 : x ; etc., qui donnent pour 4ᵐᵉ terme 12, 14, 16, 18, etc.

La distance cherchée augmente toujours de 2 unités pendant que la résistance augmente de 1. Nous en conclurons que, si la résistance croît de quantités égales, la distance de la puissance au point d'appui croîtra aussi de quantités égales ; et cela doit être, puisque le produit des moyens augmente toujours de la même quantité, à cause que l'un des facteurs ne change pas, et que ce produit, divisé par la puissance qui ne varie pas, donnera des quotients qui augmenteront aussi de quantités égales.

La résistance est 325 ; sa distance au point d'appui 3,4 ; la distance de la puissance au point d'appui est 21,25 : trouver la puissance.

Les forces étant en raison inverse de leur distance au point d'appui, nous avons 21,25 : 3,4 :: 325ᵏᵍ : x ; le produit des moyens, divisé par l'extrême, donne x = 52ᵏᵍ.

La résistance est 375ᵏᵍ, la puissance 52ᵏᵍ, et la distance entre les points d'application est 24,65 ; trouver la position du point d'appui pour qu'il y ait équilibre.

Nommons CA la distance du point d'application de la puissance au point fixe, et CB la distance du point d'application de l'autre force au même point fixe. Nous aurons 325 : 52 :: CA : CB, et comme la somme des deux premiers termes : la somme des deux derniers :: le 1ᵉʳ terme : au 3ᵐᵉ ; il viendra, 325 + 52 : CA + CB :: 525 : x, ou 377 : CA + CB ou 24,65 :: 325 : x = CA = 21,25.

Le point d'appui est déterminé, puisqu'on connaît sa distance au point d'application de la puissance. Il est entre les deux points d'application des deux forces (n° 14).

18. *Si, sur un levier angulaire ACB (fig. 6) de forme invariable et cependant mobile autour d'un point fixe C, sommet de l'angle, on prend CA = CB, et qu'on applique aux points*

A et B *deux forces égales* P *et* Q *dans le plan de l'angle et perpendiculairement aux côtés, il y aura équilibre, si elles tirent à la fois les deux côtés de l'angle en dehors ou qu'elles les poussent en dedans.*

Tout étant égal de part et d'autre, il n'y a pas de raison pour qu'une force l'emporte sur l'autre ; donc il y aura équilibre.

On appelle *bras de levier* les droites CA et CB menées perpendiculairement du point d'appui sur la direction des forces.

19. *Si le sommet* C *de l'angle d'un levier angulaire* ACB (fig. 7) *est le point fixe, et si l'on applique aux points* A *et* B *deux forces inégales,* P *et* Q, *agissant perpendiculairement aux côtés et dans le plan de l'angle, il y aura équilibre, si les bras du levier sont en raison inverse des forces, ou si l'on a* P : Q :: CB : CA.

Pour prouver cette proposition, prolongeons AC d'une quantité CB′ = CB, prenons CA′ = CB = CB′ et appliquons dans le plan de l'angle et perpendiculairement à CA deux forces P′ et Q′ égales chacune à Q ; les deux forces P′ et Q′ sont en équilibre autour du point C, puisque A′B′ est une droite ; que CA′ = CB′ et que P′ = Q′. Ces deux forces n'altèrent en aucune manière les pressions exercées par les forces P et Q sur le levier angulaire ACB. Or la force P′ fait équilibre à la force Q (n° 18), et la force Q′ fait équilibre à la force P, puisque nous avons P : Q :: CB : CA et que nous aurons P : Q′ :: CB′ : CA, à cause que Q′ = Q et CB′ = CB. Il y a donc équilibre, si l'on considère les quatre forces P, Q, P′ et Q′ ; et puisque les forces P′ et Q′ n'ont pas changé les pressions exercées par les forces P et Q, il fallait nécessairement que ces pressions fussent en équilibre avant l'application d'un levier en équilibre A′CB′ sur le levier ACB : donc si le sommet C de l'angle d'un levier angulaire ACB, etc.

La proportion P : Q :: GB : CA donne P × CA = Q × CB, et elle nous apprend qu'il y a équilibre dans le levier, toutes les fois que le produit de la puissance multipliée par la distance de sa direction au point d'appui, est égal au produit de la résistance multipliée par la distance de sa direction au point d'appui. Ces produits expriment en quelque sorte les efforts que font les forces, pour faire tourner le levier sur le point d'appui. C'est ce produit d'une force par la distance de sa direction au point d'appui qu'on appelle *moment d'une force par rapport à un point* ; et il y aura équilibre toutes les fois que l'effort ou l'énergie d'une force pour faire tourner le levier dans un sens, sera égal à l'effort de l'autre force pour faire tourner le levier en sens contraire.

20. *On peut appliquer une force à un point quelconque de sa direction, pourvu que la direction reste la même, et que ce point soit lié à l'autre point d'application par une droite rigide.*

Soit (fig. 8) la force P agissant au point A, suivant la direction AB et dans le sens BA. J'applique au point B deux forces P′ et P″, égales chacune à P et agissant en sens contraire suivant la même droite AB. La force P′ anéantit l'effet de la force P″, puisque ces deux forces sont égales et qu'elles agissent en sens contraire suivant la même droite. Le point A sera donc sollicité comme si les deux forces P' et P'' n'existaient pas. Mais si je considère les deux forces égales P et P', je vois que la force P' détruit l'effet de la force P, parce qu'elles agissent toutes deux suivant la même direction, aux extrémités de la même droite rigide et en sens contraire. Des trois forces P, P', P'', il ne reste que la force P'', qui agit au point B suivant la droite AB, et dans le même sens que la force P. Donc le point B est maintenant le point d'application d'une force égale à P et agissant dans le même sens : donc on peut, etc.

21. *Deux forces parallèles P et Q* (fig. 9) *appliquées à un levier droit et agissant pour faire tourner le levier en sens contraire autour du point d'appui C, seront en équilibre si l'on a P : Q :: CB : CA, quel que soit l'angle que fasse le levier avec leur direction.*

Par le point C je mène A'B' perpendiculaire sur la direction de l'une des forces ; A'B' sera aussi perpendiculaire sur la direction de l'autre. Je prolonge la direction de la force Q jusqu'à ce qu'elle rencontre A'B', et j'observe que les deux triangles CAA' et CBB' sont semblables et donnent CB : CA :: CB' : CA', et si j'ai P : Q :: CB' : CA', j'aurai aussi, à cause du rapport commun, P : Q :: CB' : CA'. Je transporte les points d'application des deux forces aux points A' et B', et si je considère A'B' comme un levier dont le point d'appui est en C, il y aura (n° 13) équilibre entre les forces P et Q. Donc deux forces, etc.

22. *Il y a équilibre entre deux forces P et Q* (fig. 10 et 11) *appliquées à un levier angulaire ou courbe, si les forces situées dans le plan de l'angle ou de la courbe sont en raison inverse des perpendiculaires CA' et CB' abaissées du point d'appui C sur leurs directions prolongées si c'est nécessaire.*

Je transporte les points d'application des deux forces aux points A' et B' pieds des perpendiculaires. Les deux forces agissant maintenant suivant des directions perpendiculaires aux bras du levier angulaire A'CB', sont en équilibre, si l'on a P : Q :: CB' : CA'. Donc il y a, etc.

23. *La position et la longueur des bras d'un levier étant données ainsi que l'une des forces, trouver l'autre.*

La proportion P : Q :: CB' : CA' résoudra la question, puisqu'il ne restera plus qu'un terme à trouver.

La résistance est 235^{kg}, son bras de levier 2,06, le bras de levier de la puissance est 41,2, trouver la puissance. Les forces sont en raison inverse des bras de levier, par conséquent j'ai cette proportion 41,2 : 2,06 :: 235^{kg} : x, qui donne pour x ou la puissance 11^{kg},75.

La résistance est 235^{kg}, son bras de levier 2,06, la puissance 11^{kg},75; quel sera son bras de levier.

En vertu du principe, j'ai 11^{kg},75 : 235^{kg} :: 2,06 : x; d'où je tire pour x ou le bras du levier 41,2.

Par de semblables proportions, on trouvera au besoin la résistance ou son bras de levier.

24. *Quelle est la direction de la force qui agit sur le point d'appui, lorsque les forces appliquées au levier ne sont pas parallèles et qu'il y a équilibre?*

Soient P et Q (fig. 12) les forces appliquées à un levier dont les bras sont CA et CB, et C le point fixe. Prolongeons les directions des deux forces jusqu'à ce qu'elles se rencontrent en D, ce qui aura toujours lieu, puisqu'elles ne sont pas parallèles, suivant l'hypothèse, et que d'ailleurs elles sont dans un même plan passant par le point d'appui comme première condition dans le levier (n° 11). Menons du point C au point de concours la droite CD que nous supposerons rigide. Portons les points d'application des forces au point D; l'équilibre ne sera pas troublé, et nous voyons que l'action exercée sur le point C s'y transmet au moyen de la ligne rigide CD; et que, par conséquent, la force qui agit sur le point d'appui est dirigée suivant la ligne droite qui joint le point d'appui au point de concours de la direction des deux forces P et Q.

Si par le point C nous menons CE parallèle à AD, et CF parallèle à AB, nous formerons un parallélogramme CEDF et deux triangles, CBE et CFA semblables; car outre l'angle droit ils ont encore l'angle CEB = CFA comme égaux chacun au même angle ADB comme correspondants. Ils donnent CB : CA :: CE : CF; et comme nous avons P : Q :: CB : CA nous aurons aussi, à cause du rapport commun C B : C A,

P : Q :: CE ou FD : CF ou DE

Les côtés DF et DE du parallélogramme représentent aussi ou peuvent servir à représenter les forces P et Q; la diagonale de ce parallélogramme est la direction de l'effort unique produit par les deux forces. Nous voyons que si l'une des forces était représentée par DF, l'autre le serait par DE.

L'action unique exercée sur le point d'appui C par les deux forces P et Q en équilibre, est nommée la *résultante* des deux forces qu'on appelle alors *composantes*. Il est clair que si l'on appliquait en D, et suivant le prolongement de CD, diagonale du parallélogramme, une force R égale à cette résultante agissant de D vers G, elle remplacerait la résistance du point d'appui qui ne serait plus nécessaire. Alors il y aurait équilibre entre les trois forces P, Q et R. Nous voyons dans cet équilibre que l'une quelconque des trois forces peut être regardée comme égale et directement opposée à la résultante des deux autres, puisqu'elle détruit leur effet.

25. Deux forces P et Q (fig. 13), qui concourent en un point D, peuvent toujours être considérées comme appliquées à un levier dont le point d'appui serait en C à l'extrémité de la diagonale d'un parallélogramme CEDF construit sur DF et DE représentant les forces P et Q, et ayant pour bras les perpendiculaires abaissées du point d'appui sur la direction des forces. La pression que supporte le point d'appui est l'unique effort des deux forces et par conséquent leur résultante.

Prenons DF pour représenter la force P et DE pour représenter la force Q. Nous aurons (n° 24) P : Q :: DF : DE. Construisons sur ces deux lignes le parallélogramme DECF. Du point C abaissons des perpendiculaires CA et CB sur les directions des forces P et Q, nous aurons deux triangles semblables CEB et CFA qui donnent CE ou DF : CF ou DE :: CB : CA. Cette proportion ayant avec la précédente un rapport commun DF : DE, nous aurons celle-ci P : Q :: CB : CA. Elle nous montre, à cause qu'il y a équilibre, que l'action unique des deux forces est dirigée vers le point C, puisque ce point devenant fixe anéantit cette action. Nous pouvons donc affirmer que *la résultante de deux forces qui concourent est toujours dirigée suivant la diagonale du parallélogramme formé sur deux lignes proportionnelles à ces forces, et prises sur leur direction à partir du point de concours.*

Tout autre point fixe C', pris sur la diagonale du parallélogramme ou sur son prolongement, peut servir de point d'appui; car en abaissant de ce point des perpendiculaires C'A' et C'B' sur la direction des forces, nous aurions, à cause des triangles semblables DCA et DC'A', DCB et DC'B', cette suite de rapports égaux DC : DC' :: CB : C'B' :: CA : C'A', d'où nous tirerions, en prenant les deux derniers rapports, et changeant les moyens de place, CB : CA :: C'B' : C'A' :: P : Q. (§. précédent). Nous arrivons à la même conséquence, et l'effort des deux forces est anéanti par le point fixe quelconque C' pris sur la diagonale du parallélogramme.

26. *Connaissant les directions de deux composantes et de leur résultante, et la grandeur de l'une des composantes, trouver la grandeur de l'autre.*

Soient DP, DQ et DC (fig. 12) les directions des deux composantes P et Q, et de la résultante, et soit P la composante connue. A partir de D prenez DF pour représenter la force P; par ce point menez FC parallèle à DQ; FC sera la grandeur de l'autre composante Q; car si vous tirez CE parallèle à DA, vous aurez le parallélogramme DECF, et par suite P : Q :: DF : DE ou FC.

27. *La diagonale du parallélogramme DECF (fig. 14) représente la résultante quand les deux côtés DF et DE représentent les composantes.*

Prolongeons CD vers G et appliquons au point D une force R égale à la résultante et agissant de D vers G; il y aura équilibre entre les trois forces P, Q et R, par conséquent le prolongement de ED vers H sera la direction de la résultante des deux forces P et R (n° 24). Nous connaissons les directions des deux forces P et R, ainsi que celle de leur résultante. P étant connue, nous trouverons (n° 26) la grandeur de la force R, en tirant FH parallèle à DG, HG parallèle à FD, donnera DG pour la grandeur de la force R; mais comme R doit être égale et opposée à la résultante des deux forces P et Q; que DG = FH = CD, il s'en suit que CD est la grandeur de la résultante. Donc la diagonale, etc.

* Les côtés du triangle DFC représentent les deux composantes et leur résultante, et l'on a P : Q : R :: FD : FC : DC.

Si l'on tire AB (fig. 13), le triangle ABC sera semblable au triangle DCF; car ils ont deux côtés proportionnels DF : FC :: CB : CA; l'angle compris CFD est égal à l'angle ACB comme supplément du même angle FDE ; donc on a aussi P : Q : R :: CB : CA : AB.

De ce qui précède nous concluons que *la diagonale du parallélogramme construit sur deux lignes proportionnelles aux deux forces qui concourent, et prises sur leur direction à partir du point de concours, représente en grandeur et en direction la résultante des deux forces.*

28. *Connaissant la position de deux forces non parallèles qui agissent sur un levier droit ou coudé, trouver la direction et la grandeur de la force qui agit sur le point fixe.*

Soient A'C'B' (fig. 13) le levier, P et Q les deux forces. Prolongez la direction des deux forces P et Q jusqu'à ce qu'elles se coupent en D, tirez DC', vous aurez la direction. Prenez $DF = P$, $DE = Q$ sur une échelle, menez la droite FC parallèle à DQ et EC parallèle à DP, la diagonale DC sera la résultante cherchée.

Trouver la résultante de deux forces qui agissent sur un point, connaissant les deux forces et l'angle qu'elles forment entre elles.

Soit M (fig. 26) l'angle donné. Construisez un angle CAB = M ; prenez sur le côté AP la droite $AC = P$, et sur AQ, $AD = Q$; achevez le parallélogramme, tirez la diagonale AB ; elle représentera la résultante.

29. *Si d'un point O pris dans le plan de deux composantes P et Q et de leur résultante R, on abaisse des perpendiculaires Op, Oq, et Or sur les directions de ces forces, on aura* $R \times Or = Q \times Oq + P \times Op$ *(fig. 15) et* $R \times Or = Q \times Oq - P \times Op$ *(fig. 16), suivant que le point O sera pris hors de l'angle BAD et de son opposé au sommet, ou qu'il sera pris dans cet angle.*

Pour le démontrer, menons aux sommets des angles du parallélogramme ABCD les droites OA, OB, OC et OD ; nous formerons trois triangles OAB, OAC et OAD, et nous savons par une proposition de géométrie (a) que le triangle OAC=OAD+OAB (fig. 15), et OAC=OAD−OAB (fig. 16), suivant que le point O est hors de l'angle BAD et de son opposé au sommet, ou qu'il est dans cet angle.

Donc, à cause que $P = AB$, $Q = AD$ et $R = AC$, $\dfrac{R \times O}{2} = \dfrac{Q \times Oq}{2} + \dfrac{P \times Op}{2}$ ou $\dfrac{R \times Or}{2} = \dfrac{Q \times Oq}{2} - \dfrac{P \times Op}{2}$. Multipliant chaque terme par 2, nous aurons $R \times Or = Q \times Oq + P \times Op$, ou $R \times Or = Q \times Oq - P \times Op$, ce qu'il fallait démontrer.

On peut ramener la proposition à un énoncé plus simple en disant que *le moment de la résultante est égal à la somme ou à la différence des moments des composantes, suivant qu'elles tendent à faire tourner le point d'application A dans le même sens ou en sens contraire autour du point O.*

Si le point O était pris sur la résultante, le moment de cette force serait nul, et alors la différence $Q \times Oq - P \times Op$ serait nulle, c'est-à-dire que les moments des deux composantes seraient égaux, ce que nous savions déjà (n° 13).

On voit aussi que si deux forces appliquées à des points différents ont des moments égaux et tendent à faire tourner dans le même sens autour d'un point de la résultante, on pourra substituer l'une à l'autre, et l'équilibre ne sera pas troublé. Ce qui résulte de la théorie du levier.

30. Nous avons démontré que lorsque deux forces parallèles, agissant dans le même sens, se faisaient équilibre au moyen du levier, la force qui pressait le point d'appui exerçait son action suivant une droite parallèle aux mêmes forces ; qu'elle était égale à leur somme, et que le point d'appui ou le point par lequel passait cette force résultante divisait la droite d'application en deux parties réciproquement proportionnelles aux composantes ; que lorsque deux forces concourent, la résultante passe par le point de concours ; qu'elle est représentée en grandeur et en direction par la diagonale du parallélogramme construit sur des droites proportionnelles aux forces, prises sur la direction des forces, à partir du point de concours.

COMPOSITION ET ÉQUILIBRE DES FORCES PARALLÈLES.

31. *Etant données deux forces parallèles P et Q, et leur point d'application, trouver leur résultante et son point d'application, sachant qu'elles agissent dans le même sens.*

Soient A et B (fig. 17) les points d'application des deux forces P et Q. Je joins A et B par une droite, et je sais (n° 14) que la résultante cherchée est égale à la somme des deux forces ; que par conséquent, si je désigne par R la résultante, j'aurai $R = P + Q$.

Pour avoir son point d'application, il suffit de se rappeler (n° 13) que le point d'application divise la droite AC en deux parties réciproquement proportionnelles aux forces ; que si C est le point cherché, j'aurai $P : Q :: BC : AC$, ou que $P + Q : BC + AC :: P : BC$, ou que $R : AB :: P : BC$, à cause que $P + Q = R$ et $BC + AC = AB$.

Le 4ᵉ terme est inconnu ; on le trouve quand les forces sont données en nombres comme on l'a vu (n° 17) ; ou par une 4ᵉ proportionnelle aux lignes données représentant les forces, et à la droite AC.

Remarquez que la résultante et les composantes sont représentées chacune par la partie de la droite d'application comprise entre les deux autres forces ; que R est représentée par AB, P par BC et Q par AC, et qu'on a par conséquent $R : P : Q :: AB : BC : AC$

Décomposer une force R appliquée au point C de la droite AB (fig. 17) en deux autres forces P et Q, parallèles à R, agissant dans le même sens et appliquées aux points A et B donnés.

Nous venons de voir, question précédente, que AB représentait la résultante quand les autres parties de AB représentaient les autres forces, mais dans un ordre inverse; nous aurons donc, pour résoudre la question proposée, AB : BC :: R : P.

Soient R = 548ᵏᵍ, AB = 38,6, BC = 15,1 et AC = 23,5, le calcul donnera P = 214ᵏᵍ,373. Q étant égal à R — P, sera 548ᵏᵍ — 214ᵏᵍ,373 = 333ᵏᵍ,627.

Décomposer une force R en deux autres forces parallèles à la force R, lorsqu'elles doivent agir toutes dans le même sens; que la force P est donnée, ainsi que les points d'application de R et de P.

P étant donnée, l'autre force, que nous désignerons par Q, sera R — P. C étant le point d'application de la résultante et A le point d'application de la force P, AC sera connue, et nous aurons cette proportion : R — P : P :: AC : x = BC.

Pour exemple en nombres, supposons que R = 548ᵏᵍ; que P = 214ᵏᵍ,373, Q vaudra 333ᵏᵍ,627; que la distance des deux points d'application soit 23,5, la proportion en nombres sera 333ᵏᵍ,627 : 214ᵏᵍ,373 :: 23,5 : x = BC = 15,1.

On sait par expérience que, si deux hommes portent un fardeau suspendu à une barre, celui qui sera le plus près de la charge ou de la résistance sera plus chargé que l'autre. La proposition précédente le prouverait au besoin, et donnerait le moyen de proportionner la charge à la force de chaque homme. Il suffira de rapprocher le fardeau de l'homme le plus fort suivant la force de l'autre.

32. *Trouver la résultante de deux forces parallèles, agissant en sens contraire et appliquées à deux points donnés d'une droite inflexible.*

Soit AC la droite inflexible (fig. 18), A et B les points d'application des deux forces données P et Q, Q étant la plus grande. Je décompose la force Q en deux autres P′ et R parallèles, agissant toutes deux dans le sens de Q. L'une P′ égale à P et appliquée au point A; l'autre, Q — P′, sera appliquée au point C, qu'il faut déterminer par cette proportion : Q — P : P :: AC : BC. Q — P est la résultante cherchée, puisque la force P est détruite par la force P′, qui est égale à P, et qui agit en sens opposé suivant la même droite. Des deux forces données, il ne reste plus que la force Q — P, appliquée au point C, agissant dans le sens de la plus grande, elle est donc la résultante cherchée. Le point C est déterminé par le 4ᵐᵉ terme BC de la proportion précédente,

Les deux forces données sont Q = 1058ᵏᵍ, P = 349. La distance des deux points d'application égale 43,2. Q — P, ou la résultante est 709ᵏᵍ, et la proportion devient 709 : 349 .: 43,2 : x = BC = 21,26.

Quand P = Q, ou que les deux forces données sont égales, il n'y a pas de résultante. Ce cas fait exception. Il n'y a pas non plus d'équilibre possible; les deux forces produisent un effet et tendent à faire tourner la droite d'application. On peut cependant déplacer les deux forces égales, changer leur grandeur et leur direction ; mais il y a toujours deux forces égales et contraires, tendant à faire tourner la droite d'application avec la même énergie.

33. *Décomposer une force donnée R en deux autres forces parallèles, quand les points d'application sont donnés et placés d'un même côté de cette force sur une droite donnée.*

Soient C le point d'application de la force donnée R, B et A les points d'application des deux forces cherchées, je les désigne par P et Q. La force R doit être la résultante des deux forces P et Q, puisque ces deux dernières, doivent la remplacer ou en tenir lieu ; mais étant placées d'un même côté, il faut que R soit la différence entre Q et P, ou Q — P, si Q est la plus grande. La proportion BA : BC :: R : P donne P. Q sera donnée en ajoutant R à P, parce que la différence, plus la plus petite des deux quantités, donnera la plus grande.

Pour fixer les idées par un exemple en nombres, soit 709^{kg} la force donnée qu'il faut décomposer, 21,26 la distance du point d'application de cette force au point d'application de la composante la plus proche, ou si l'on veut CB, et 43,2 la distance AB entre les deux forces cherchées, R et P sont en raison inverse des deux distances données ; donc la proportion 43,2 : 21,26 :: 709^{kg} : $x = 348^{kg},91 = P$.

Si la force à décomposer étant toujours R, on donnait Q plus grande que R et le point d'application des deux forces R et Q, et qu'on demandât P et son point d'application, la force P serait Q — R ; son point d'application résulterait de cette proportion Q — R ou P : R :: BC : $x =$ BA.

La composition et la décomposition des forces parallèles, agissant en sens contraire, ne sont autre chose que des questions relatives à un levier dans lequel on substitue au point d'appui une force qui agit en sens contraire à l'effort qu'il supporte et qui lui est égale, comme on l'a observé (n° 15.)

Le cas de deux forces parallèles et égales agissant en sens contraire sur des points différents, est celui d'un levier sans point d'appui fixe auquel sont appliquées les deux forces.

34. " *Si par un point quelconque O, pris dans le plan des composantes parallèles P et Q et de leur résultante R, on mène une droite Ox qui les coupe toutes trois aux points p, q et r, on aura R × Or = Q × Oq + P × Op (fig. 19), et R × Or = Q × Oq — P × Op (fig. 20).*

En effet, on a R = P + Q ; et, par conséquent, R × Or = P × Or + Q × Or. Mais (fig. 19) Or = Op + pr et Or = Oq — rq. Substituant ces valeurs dans P × Or et Q × Or, il viendra R × Or = P × (Op + pr) + Q × (Or — rq) = P × Op + P × pr + Q × Or — Q × rq. Et à cause que P × pr = Q × qr, et que ces termes ont des signes contraires et se détruisent, il viendra

$$R × Or = P × Op + Q × Oq.$$

Dans la figure 20, on a Or = pr — Op et Or = Oq — qr. Substituant comme on vient de le faire, on aura R × Or = P × (pr — Op) + Q × (Oq — qr) = P × pr — P × Op + Q × Oq — Q × qr.

A cause que $P \times pr = Q \times qr$ et que ces deux produits ont des signes contraires et se détruisent, il vient

$$R \times Or = Q \times Oq - P \times Op,$$

ce qu'il fallait démontrer.

On voit que le moment de la résultante, par rapport à un point pris sur une droite qui coupe la direction des forces données, est égal à la somme ou à la différence des moments des composantes, suivant que ces forces tendent à faire tourner les points p, q et r dans le même sens ou en sens contraire autour du point O.

Cette relation nous donne le moyen de trouver bien simplement le point d'application de la résultante.

Nous en tirons, figure 19 :
$$Or = \frac{Q \times Oq + P \times Op}{R}$$

Ou figure 20 :
$$Or = \frac{Q \times Oq - P \times Op}{R}$$

Comme $R = P + Q$, nous aurons :

$$Or = \frac{Q \times Oq + P \times Op}{P + Q} \qquad Or = \frac{Q \times Oq - P \times Op}{P + Q}$$

* Si nous avions une 3ᵐᵉ force S agissant dans le sens des autres forces P, Q et R, en nommant R′ la résultante de R et de S, r' et s les points où la droite Ox rencontrerait R et S, nous trouverions

$$Or' = \frac{R \times Or + S \times Os}{R + S}$$

mais $R \times Or = Q \times Oq + P \times Op$, et $R = P + Q$. Mettant ces valeurs dans celle de Or′, il viendra

$$Or' = \frac{P \times Op + Q \times Oq + S \times Os.}{P + Q + S}$$

Il y aurait des signes — dans le numérateur, si le point O était entre les forces.

35. * Par l'analogie, on étendrait cette valeur de la distance du point O, au point d'application de la résultante d'un nombre quelconque de forces ; le numérateur se composerait de la somme des moments de chaque force, divisée par la somme des forces. S'il y avait des signes —, ce serait la différence ; mais on peut éviter ces signes — en prenant le point O convenablement.

* Si le point O était pris sur l'un des points de la résultante ou sur la droite qui passe par le point fixe d'un levier, la somme des moments des forces qui tendraient à faire tourner dans un sens autour de ce point, serait égale à la somme des moments des forces qui tendraient à faire tourner dans un sens contraire, puisque le moment de la résultante serait nul.

36. *Trouver la résultante de plusieurs forces parallèles, situées ou non dans un même plan, et agissant dans un même sens sur des points matériels liés entre eux.*

Soient P, Q, S et T les forces données (fig. 21); A, B, C et D les points d'application. Joignez par une droite les points A et B auxquels les forces P et Q sont appliquées, la résultante de ces deux forces sera P + Q, et vous déterminerez (n° 31) le point E d'application de la résultante R'. Joignez les points E et C d'application des deux forces R' et S par une droite, la résultante de ces deux forces sera R' + S, ou P + Q + S. Désignez-la par R″ et soit F son point d'application. Les trois forces P, Q et S seront remplacées par R″, qui produira le même effet. Joignez le point F au point D par une ligne droite, et trouvez la résultante R des forces R″ et T, ainsi que son point d'application G. Vous aurez R = R″ + T = P + Q × S + T. R représentera toutes les forces, et la question sera résolue. Le point G sera le point auquel il faudra appliquer une force égale à la somme de toutes les forces données, pour les remplacer par une force unique. Il est bien entendu qu'elle agira dans le sens des composantes, qu'elle leur sera parallèle.

37. *Trouver la résultante de plusieurs forces parallèles, situées ou non dans un même plan et agissant, dans des sens différents, sur des points liés entre eux.*

Réduisez à une seule les forces qui agissent dans un même sens, vous arriverez à deux forces parallèles de sens différents et dont vous trouverez la résultante par l'un des problèmes précédents, et vous reconnaîtrez que cette résultante est égale à la somme des forces qui agissent dans un sens, moins la somme de celles qui agissent en sens contraire. Vous excepterez le cas où ces deux forces sont égales et appliquées à deux points différents; dans ce cas, il n'y a pas de résultante. Si elles étaient appliquées au même point, les deux résultantes seraient sans effet, comme étant égales et agissant en sens contraire suivant une même droite.

Le point d'application de la résultante ne changerait pas de position lors même que les forces prendraient une autre direction, pourvu qu'elles ne cessassent pas d'être appliquées aux mêmes points, d'être parallèles entre elles et de conserver la même grandeur. Ce point, étant unique, a été nommé le *centre des forces parallèles.*

On le définit en disant que c'est le point par lequel passe toujours la résultante des forces parallèles, quelle que soit leur direction, la grandeur des forces ne changeant pas ni leur point d'application.

38. * *Si A, B et C (fig. 22) sont, dans l'espace, les points d'application des forces parallèles P et Q et de leur résultante R, et qu'on abaisse de ces trois points les perpendiculaires AA′, BB′ et CC′ sur un plan, on aura* R × CC′ = P × AA′ + Q × BB′.

En effet, le point C est sur la droite AB et cette ligne AB, dans l'espace, est parallèle au plan où elle le rencontre; si elle est parallèle au plan donné, les trois perpendiculaires sont égales, et parce que $R = P + Q$, on a évidemment $R \times CC' = P \times AA' + Q \times BB'$.

Si elle rencontre le plan en un point O, on a (n° 34) $R \times OC = P \times OA + Q \times OB$. Le point C se trouve sur la ligne OB, les trois perpendiculaires AA', BB' et CC' sont dans un même plan perpendiculaire au plan donné, et les lignes OB, BB' et l'intersection des deux plans forment la figure 22, présentant trois triangles semblables et rectangles en A', B' et C', et ils donnent OA : AA' :: OB : BB' :: OC : CC', ou OA : OB : OC :: AA' : BB' : CC'. On peut donc remplacer dans la précédente relation OA, OB et OC par les lignes AA', BB' et CC' qui leur sont proportionnelles. Elles conduisent à

$$R \times CC' = P \times AA' + Q \times BB'.$$

Le produit d'une force par la distance de son point d'application à un plan est appelé *moment d'une force par rapport à un plan*.

* On peut passer de la résultante de deux forces à celle de trois, de quatre, etc., forces, en procédant comme au n° 34; enfin, trouver le moment de la résultante d'un nombre quelconque de forces par rapport à un plan, et arriver par une division à ce résultat :

$$\left. \begin{array}{l} \text{La distance du point} \\ \text{d'application de la ré-} \\ \text{sultante à un plan :} \end{array} \right\} = \frac{P \times AA' + Q \times BB' + S \times DD' + \text{etc.}}{P + Q + S + \text{etc.}}$$

On donnera le signe *moins* aux forces qui agissent en sens contraire, et on choisira les plans de manière à laisser toutes les forces d'un côté. Ce point n'est pas déterminé, on connaît seulement sa distance par rapport au plan; ainsi il est l'un des points d'un plan parallèle au plan donné, distant de celui-ci de la quantité trouvée.

Si maintenant on prend aussi le moment des forces, par rapport à un autre plan, on trouvera de même la distance du point d'application de la résultante à ce deuxième plan. Menant encore un plan parallèle au deuxième à la distance calculée, le point cherché devra aussi être sur ce plan; il sera donc maintenant l'un des points de l'intersection des deux plans parallèles. On opérera de même par rapport à un troisième plan, qui coupe ces deux premiers; le plan parallèle à celui-ci, mené à la distance donnée par le calcul, coupera la ligne sur laquelle se trouve le point cherché, et alors ce point sera déterminé.

* Les trois plans auxquels on rapporte généralement les moments, sont trois plans perpendiculaires entre eux. Les intersections sont nettes, et on a facilement la position du point d'application de la résultante. Deux de ces plans sont verticaux, et le troisième horizontal.

* Lorsque les points d'application des forces sont sur le plan de la figure 22, on aurait la distance du point d'application de la résultante à la droite OB', en divisant la somme des moments des

forces par la somme des forces, et en opérant de même par rapport à une autre droite qui couperait OB', on trouverait le point d'application de la résultante. Les droites sur lesquelles on abaisse des perpendiculaires, sont appelées *axes des moments.*

39. *Conditions d'équilibre dans un système de forces parallèles, agissant sur des points liés entre eux.*

L'équilibre aura lieu entre des forces parallèles, si l'une d'elles est égale et opposée à la résultante de toutes les autres, et qu'elles agissent toutes deux suivant la même droite.

Il ne suffirait pas que la somme des forces qui agissent dans un sens fût égale à la somme de celles qui agissent en sens contraire ; car il peut arriver que deux forces parallèles, égales et contraires, ne se fassent pas équilibre. Mais, dans ce cas, elles tendent à faire tourner le corps, et si elles ne produisent pas de rotation, elles gênent les mouvements dans les machines et affaiblissent l'effet, comme l'observation le prouvera plus bas.

Ces conditions d'équilibre s'appliquent directement à un corps solide, lorsque des points de ce corps sont sollicités par des forces parallèles, et que le corps est libre.

S'il y avait un point fixe, il suffirait que la résultante de toutes les forces fût dirigée vers ce point ; s'il y avait un axe, fixe par ses extrémités, il faudrait que la résultante fût dirigée vers cet axe, et qu'elle le rencontrât perpendiculairement.

COMPOSITION ET ÉQUILIBRE DES FORCES QUI CONCOURENT.

40. *Trouver la résultante de deux forces P et Q qui concourent en un point A (fig. 23).*

Prenez sur les directions des forces, à partir du point de concours A, des parties AB et AC, qui représentent ces forces. Construisez le parallélogramme ABCD ; la diagonale AD représentera en grandeur et en direction la résultante demandée, ce qu'on a déjà vu (n° 27).

41. *Trouver la résultante de trois forces P, Q et S (fig. 25), qui concourent au point A, et qui sont dans un même plan.*

Cherchez la résultante des deux forces P et Q (n° 40) ; soit R' cette résultante. Cherchez la résultante des deux forces R' et S' ; R, résultante de ces deux dernières, sera la résultante demandée.

* Parler au besoin du moment de la résultante, par rapport à un point, et dire qu'il est égal à la somme des moments des composantes, si elles tendent à faire tourner le point A dans un même sens autour du centre des moments, et à la différence dans le cas contraire.

42. *Trouver la résultante de trois forces* P, Q *et* S (fig. 24), *qui concourent en un point* A, *et qui ne sont pas dans un même plan.*

Construisez, sur AB et AD, proportionnelles aux forces P et Q, le parallélogramme ABCD; AC sera la résultante de P et de Q. Sur AF, proportionnelle à S, et sur AC, construisez le parallélogramme ACHF, la diagonale AH sera la résultante cherchée.

AC est aussi la diagonale du parallélipipède ABCDEFGH, construit sur les lignes AB, AC et AF, représentant les trois forces données. Le parallélipipède serait rectangle, si les forces étaient perpendiculaires entre elles.

43. *Décomposer une force* R (fig. 26) *en deux autres qui fassent entre elles un angle donné* M.

Par le point d'application de la force R, je tire AC, faisant avec AR un angle plus petit que l'angle M; je mène AD, formant avec AC un angle égal à M, et je prends sur AR, AB pour représenter R. Construisant sur la diagonale AB et la direction des côtés AC et AD, le parallélogramme ACBD, j'aurai les deux forces cherchées.

Cette question a une infinité de solutions. Elle serait déterminée, si les forces cherchées devaient être parallèles à des droites données, comme si l'une devait être verticale et l'autre horizontale.

Décomposer une force en deux autres, dont l'une des forces soit donnée.

Même question si l'angle des composantes était donné.

Ces deux questions sont trop simples pour en donner la solution.

44. *Décomposer une force donnée en trois autres perpendiculaires entre elles.*

Pour fixer nos idées, supposons que l'une des forces demandées soit verticale et les deux autres horizontales, et que la force à décomposer soit la force AH (fig. 24), ce qui exige qu'elle ne soit ni verticale ni horizontale. Par le point A, point d'application de la force à décomposer, élevons la verticale AF, et par H abaissons la verticale HC et tirons AC. Si nous menons l'horizontale HF, la figure ACHF est un parallélogramme, et la force AH est décomposée en une force verticale AF et une force AC horizontale. Si maintenant nous décomposons AC en deux forces, agissant suivant AB et AD, perpendiculaires entre elles, en construisant le parallélogramme ABCD, AB et CD seront les deux forces horizontales. La force AH est donc décomposée en trois forces, l'une verticale AF, et les deux autres, AB et AC, horizontales, et la question est résolue.

45. *Condition d'équilibre d'un point matériel, sollicité par plusieurs forces.*

Il y aura équilibre, si l'une des forces est égale et directement opposée à la résultante de toutes les autres, puisque alors toutes les forces se réduisent à deux forces égales, agissant en sens contraire et suivant la même droite.

MANIÈRE DE COMPOSER LES FORCES DANS CERTAINS CAS, ET CONDITIONS D'ÉQUILIBRE.

46 *. *Composition des forces situées dans un même plan et agissant sur des points du plan.*

Les forces ayant leur direction dans un même plan, sont ou parallèles ou tendent à se rencontrer. Si elles sont parallèles, les questions précédentes donnent le moyen d'obtenir leur résultante. Si les directions de ces forces tendent à se couper, on prolongera les directions des deux forces jusqu'à leur point de concours, et en supposant le point d'intersection comme solidement lié aux points sollicités et les deux forces appliquées à ce point, on trouvera la résultante de deux forces. On procédera de même sur cette résultante et une autre force, et enfin on parviendra à la résultante de toutes les forces.

S'il arrivait que l'avant-dernière force résultante fût parallèle à la dernière des forces à composer, alors on suivrait la règle donnée pour deux forces parallèles, et ce cas pourrait présenter deux forces parallèles, égales et contraires, et non appliquées à un même point (voir le n° 32).

A ce procédé on substitue un autre moyen bien simple : il consiste à décomposer chaque force en deux autres parallèles à deux droites qui se coupent. Alors on a deux systèmes de forces parallèles, on réduit chaque système à une seule force, et l'on a deux forces qui se coupent et dont on trouve la résultante. Le cas où il y aurait des forces parallèles, égales et contraires, et non appliquées à un même point, ne saurait embarrasser.

47 *. *Condition d'équilibre dans le cas de la question précédente.*

Il faut, comme toujours, que l'une des forces soit égale et contraire à la résultante de toutes les autres, et qu'elles agissent suivant la même direction.

48 *. *Condition d'équilibre dans le cas d'un point fixe ou d'une droite donnée dans le plan des forces.*

Il faut, dans le cas d'un point fixe donné sur le plan, que la direction de la résultante passe par ce point.

S'il y a sur le plan une droite inflexible et invariable, d'une grandeur donnée, il faut que la direction de la résultante de toutes les forces soit perpendiculaire à la droite donnée, et qu'elle la rencontre ; car si la direction de la résultante la rencontrait obliquement, elle pourrait être décomposée en deux autres forces, l'une perpendiculaire, qui serait détruite par la résistance de la droite donnée, et l'autre parallèle à cette même droite, et il n'y aurait pas équilibre.

49 *. *Composition des forces qui agissent sur divers points liés entre eux, lorsque les directions ne sont ni toutes parallèles entre elles, ni toutes comprises dans un même plan.*

Je conçois un plan quelconque, solidement lié aux points sollicités, les directions des forces le rencontreront, quelques-unes pourront être parallèles à ce plan. Je prolonge les directions des forces jusqu'à ce qu'elles rencontrent le plan, et supposant que le point d'application de chacune soit celui où elle rencontre le plan, je la décompose en deux autres; l'une dans le plan, et l'autre perpendiculaire au plan. Par cette opération, que je fais pour chaque force, et en supposant que toutes rencontrent ce plan, je substitue aux forces données deux systèmes de forces, l'un comprenant les forces parallèles et perpendiculaires au plan, et l'autre comprenant toutes les forces qui se trouvent sur le plan. Généralement je réduirais à une seule celles qui agissent perpendiculairement au plan, et aussi à une force celles dont les directions sont sur le plan : toutes les forces proposées pourront donc être réduites à deux forces, et si ces dernières se rencontrent, il y aura une résultante unique.

Si parmi les forces données, il s'en trouvait une parallèle au plan, on pourrait choisir un plan passant par la direction de cette force; mais si, dans ce cas, on voulait opérer de manière que le procédé convînt à d'autres forces parallèles, on appliquerait au point même d'application de cette force, et perpendiculairement au plan, deux forces égales et contraires, ce qui ne changerait rien à l'effet de toutes les forces données; on composerait la force parallèle au plan avec l'une des deux forces ajoutées, et la résultante rencontrerait le plan. On procèderait sur cette résultante comme sur les autres forces qui rencontrent le plan; l'autre force ajoutée se composerait avec les forces perpendiculaires au plan.

* Si l'un des deux systèmes de forces se réduisait à une seule force, tandis que les forces de l'autre système produiraient deux forces parallèles, égales, agissant en sens contraire, mais non opposées, on les ramènerait encore à deux forces, qui ne se rencontrent pas, en décomposant la force à laquelle s'est réduit l'un des systèmes, en deux forces parallèles appliquées aux points sur lesquels agissent les deux autres (on a dit qu'on pouvait les déplacer sans altérer leur effet); composant ensuite en une seule les deux forces qui se rencontrent, on aurait encore deux forces qui ne se rencontrent pas.

Lorsque les forces perpendiculaires au plan se réduisent à deux forces égales et contraires, mais non opposées, et qu'il en est de même des forces dont les directions sont comprises dans le plan, il est facile de réduire ces quatre forces à deux autres qui ne se rencontrent pas.

50 *. En principe, si les forces devaient se faire équilibre, il faudrait que l'une d'elles fût égale et directement opposée à l'unique résultante de toutes les autres forces. Mais lorsqu'on réduit les forces à deux systèmes, l'un composé de forces perpendiculaires au plan, et par conséquent parallèles entre elles, l'autre composé de forces comprises dans le plan, il faut qu'il y ait équilibre dans chaque système, et que les conditions d'équilibre nécessaires pour chacun aient lieu séparément; car ces forces sont indépendantes dans leurs effets.

· Je viens d'insister sur des compositions de forces qui sortent presque du plan que je m'étais tracé, pour arriver à cette conséquence, que ces forces, quel qu'en soit le nombre, peuvent toujours se ramener à deux forces qui ne se rencontrent pas, quand il n'y a pas équilibre, vérité qui n'est pas mise en évidence, quand on décompose les forces en trois systèmes de forces parallèles, perpendiculaires entre eux. Dans ce cas, il faut, pour l'équilibre, qu'il subsiste dans chaque système considéré séparément. Les forces sont indépendantes dans leurs effets, comme on vient de le dire plus haut.

DES CENTRES DE GRAVITÉ.

51. La pesanteur dont nous avons eu occasion de parler, est cette force qui précipite, vers le centre de la terre, les corps abandonnés à eux-mêmes. Elle agit également sur toutes les particules de la matière, l'expérience le prouve. Ainsi, on peut la regarder comme agissant également et avec la même intensité, sur toutes les parties d'un corps, sur les petits corps comme sur les corps d'un volume considérable.

La direction d'un fil à plomb est celle de la pesanteur, c'est aussi celle du rayon de la terre, supposée sphérique; et, comme il faut un espace d'environ 30^m,8 pour que deux rayons de la terre fassent entre eux un angle d'une seconde sexagésimale, on doit, à l'égard des corps que l'on a besoin de considérer dans l'usage de la vie, regarder la pesanteur agissant sur les diverses parties d'un corps, comme des forces parallèles, appliquées à chacune de ses parties. Si donc on suppose un corps décomposé en une infinité de parties égales, chacune étant sollicitée par la pesanteur, et qu'on cherche la résultante de toutes ces forces, il est clair que cette résultante sera égale à la somme de toutes les forces ou égale à l'une d'elles, prise autant de fois qu'il y a de particules, puisque les composantes sont égales entre elles. On voit donc que la résultante sera double, si le nombre des particules de la matière ou la masse est double; elle sera triple si la somme des particules de la matière ou la masse est triple; ainsi de suite.

La résultante est appelée le poids du corps. Le poids, comme la résultante, est proportionnel à la masse. On ne connaît point la masse des corps; mais comme elle est proportionnelle à leur poids, il est évident que l'on peut comparer les masses au moyen des poids.

52. Ne confondez pas la pesanteur avec le poids; la pesanteur est la force qui sollicite les corps à descendre vers le centre de la terre. Elle est la même pour tous les corps dans un même lieu, tandis que le poids dépend de la masse du corps; c'est la résultante des forces parallèles que produit la pesanteur, en agissant sur chaque particule du corps.

Les petites forces parallèles, provenant de la pesanteur, et agissant sur chaque particule d'un corps, ont un centre de forces (n° 37). Ce point, quand il s'agit de la pesanteur, a pris le nom de *centre de gravité*. Quand ce point est soutenu, le corps résiste aux efforts de la pesanteur ; de sorte que les choses se passent comme si la pesanteur exerçait son action sur ce seul point, et que toute la masse y fût concentrée. Ce point est si important qu'il faut savoir le trouver dans les corps.

53. *Trouver le centre de gravité d'une ligne droite matérielle, supposée également pesante dans toute sa longueur.*

Si l'on suppose qu'à chaque point d'une ligne droite matérielle, on applique des forces parallèles et égales, il est clair que le centre de gravité sera au milieu de cette droite, puisqu'il y aura toujours deux composantes égales, également éloignées du milieu de la ligne, point par lequel passera leur résultante. Toutes les résultantes partielles passant par le milieu, la résultante totale passera aussi par ce point.

54. *Trouver le centre de gravité d'une circonférence, supposée matérielle et également pesante dans toutes ses parties.*

Ce point est évidemment au centre de la figure.

55. Si une ligne droite partage le contour d'une figure en deux parties, également situées de part et d'autre de la ligne droite, le centre de gravité du contour sera sur cette ligne ; car il y aura toujours deux points du contour, dont la distance sera divisée en deux parties égales par la ligne droite ; et comme les forces parallèles appliquées aux deux points sont égales, leur résultante coupera la ligne droite, et aura son point d'application sur cette droite ; toutes les résultantes partielles ayant leur point d'application sur la droite, la résultante totale y aura aussi le sien.

56. *Trouver le centre de gravité du contour d'un polygone régulier.*

Ce centre de gravité est au centre de la figure. C'est une conséquence de ce qui précède (n° 55), quand le polygone a un nombre pair de côtés, puisqu'une diagonale qui passe par le centre du polygone, divise le contour en deux parties égales, et également situées des deux côtés de cette diagonale, et le centre du polygone est au milieu de cette droite.

Lorsque le polygone a un nombre impair de côtés, la droite qui part du sommet d'un angle et qui passe par le centre, divise le côté qu'elle rencontre en deux parties égales ; elle partage bien le contour en deux parties symétriques, mais le centre du polygone n'est pas au milieu de la partie de cette droite comprise dans le polygone. Cependant on est sûr que le centre de gravité du contour est sur cette ligne. Si on tire une autre ligne passant par le sommet d'un angle et par le centre, on sera également certain que le centre de gravité du contour se trouve sur cette droite, et comme le centre de gravité doit être à la fois sur les deux droites, il se trouvera nécessairement au centre du polygone, seul point commun à ces deux lignes.

57. *Trouver le centre de gravité du contour d'un rectangle et d'un parallélogramme* (fig. 29).

Tirez les deux diagonales, leur point d'intersection sera le centre de gravité de leur contour. Ce point est un centre, puisque toute droite comprise dans la figure, et passant par ce point, y est divisée en deux parties égales.

58. *Trouver le centre de gravité du contour d'un polygone quelconque* ABCDE (fig. 27).

Joignez, par une droite, les milieux a et b des deux côtés AB et BC, considérez les points a et b comme chargés de poids proportionnels à la longueur de ces côtés, et cherchez le centre de gravité F ou le point d'application de la résultante de ces deux forces. Joignez le point F au point c, milieu de CD, par une ligne droite ; considérez les points F et c comme chargés de poids proportionnels aux droites AB $+$ BC pour le point F, à la droite CD pour le point c, et cherchez le centre de gravité de ces deux poids. Continuez ainsi de suite, et vous trouverez que le centre de gravité de tout le contour est au point G.

S'il était question de trouver le centre de gravité du contour d'une figure, terminée en totalité ou en partie par une courbe, il faudrait partager la courbe en parties assez petites pour qu'on pût la considérer comme composée de lignes droites, et procéder comme on vient de le dire.

Dans la pratique, le centre de gravité d'un arc de cercle s'obtiendrait en le divisant en parties assez petites ; mais on peut remarquer qu'il est sur la flèche, et sa position serait donnée par le quotient du produit de la corde multipliée par le rayon, divisé par l'arc. La ligne ainsi trouvée serait la distance du centre de gravité au centre du cercle (b).

59. *Trouver le centre de gravité de la superficie d'un cercle, d'un polygone régulier.*

Si l'on regarde chaque point de la superficie d'un cercle ou d'un polygone régulier, comme des points également pesants, il est clair que la résultante de tous ces poids passera par le centre de figure ; car le centre de gravité, se trouvant sur chaque ligne qui divise la surface en deux parties symétriques, est nécessairement le point par lequel passent toutes ces lignes, et, comme elles passent toutes par le centre de figure, ce dernier point est celui par lequel passe la résultante de toutes les forces égales et parallèles qui agissent sur toutes les particules matérielles de la superficie.

60. *Trouver le centre de gravité de la superficie d'un triangle* ABC (fig. 28), *dans lequel on suppose que chaque point de la surface est également pesant.*

Joignez le milieu de BC au point A par une droite AD, tirez aussi BE du milieu de AC au point B. Le point G, intersection de AD et de BE, sera le centre de gravité du triangle.

Car si vous considérez la superficie du triangle ABC comme composée de particules matérielles placées sur des droites FH, parallèles à BC, le centre de gravité de toutes ces lignes matérielles sera au milieu de chacune; et parce que la ligne AD passe par le milieu de toutes ces lignes, elle passe aussi par le centre de gravité du triangle. De même on prouverait que le centre de gravité de la superficie du triangle est sur BE; par conséquent le centre de gravité cherché est au point G, intersection des deux lignes AD et BE.

Si l'on tire DE, cette droite, coupant les côtés AC et CB en deux parties égales, est parallèle à AB et en est la moitié. Le triangle DGE est semblable au triangle AGB, parce qu'ils ont les angles égaux; l'angle DGE = AGB, comme opposé par le sommet; l'angle BAG = GDE, comme alterne interne, à cause des parallèles AB et DE, et de la sécante AD. Ces triangles donnent DE : AB :: DG : AG. DE = 1/2 AB; donc DG = 1/2 AG; donc DG est le tiers de AD. Donc si l'on tire une droite du sommet d'un triangle au milieu de la base, le centre de gravité de la superficie se trouvera aux deux tiers de cette droite, à partir du sommet, ou au tiers, à partir de la base.

Observez que l'on a AD : BC :: AI : FH; que si la pression au point D était représentée par BC, au point I, elle le serait par FH; que par conséquent la pression que supporte chaque point de AD est proportionnelle à sa distance au point A; que si toute autre droite était pressée comme AD, le point par lequel passerait la résultante de toutes les pressions, serait aux deux tiers de cette droite, à partir du point où la pression serait nulle.

61. *Trouver le centre de gravité de la superficie d'un parallélogramme ABCD (fig. 29).*

Tirez les deux diagonales, leur point d'intersection sera le point cherché. Car AC coupe en deux parties égales BD et toutes les parallèles à BD qu'on mènerait dans la figure. Elle passe donc par le centre de gravité de toutes ces lignes, et par conséquent, par le centre de gravité de toute la superficie de la figure. On prouverait de même que BD passe par le centre de gravité du parallélogramme. Ce centre sera nécessairement au point G, commun aux deux lignes AC et BD.

Cette solution convient au carré, au rectangle et au lozange.

62. *Trouver le centre de gravité d'un polygone rectiligne.*

Soit le pentagone ABCDE (fig. 30). Divisez-le en triangles, par des diagonales AC et AD. Cherchez la superficie de chacun des triangles, ainsi que les centres de gravité g, g' et g" (n° 60); tirez la droite gg' et dites (n° 31) : la superficie de la somme des deux triangles ABC et ACD : la superficie du triangle ACD :: gg' : gI. Le point I sera le centre de gravité du quadrilatère ABCD. Tirez la droite g"I, et faites cette proportion : la superficie des trois triangles : celle du triangle ADE :: g"I : IG. Le point G sera le centre de gravité de la superficie du pentagone.

On procèdera de même pour tous les polygones rectilignes, quel que soit le nombre des côtés.

Si ces opérations, très-longues, se présentaient fréquemment,

Je ferais usage des axes des moments ; je ne m'y arrêterai pas. Dans les applications usuelles, on a rarement de semblables calculs à effectuer.

63. *Trouver le centre de gravité d'une surface, dans le contour de laquelle se trouvent des lignes courbes.*

Partagez les lignes en parties telles que vous puissiez les regarder, à l'œil, comme des lignes droites, et la figure deviendra un polygone rectiligné, sur lequel vous procèderez comme au n° précédent.

64. *Trouver le centre de gravité de la solidité d'une pyramide triangulaire.*

Soit SABC (fig. 30) la pyramide proposée. Cherchez le centre de gravité g de la base. Joignez ce centre g au sommet S de la pyramide, par une droite. Prenez gG égale au quart de Sg, vous aurez, au point G, le centre de gravité demandé.

En effet, si l'on conçoit la pyramide composée de lames très-minces abc, et parallèles à la base ABC, elles seront semblables à la base ; le centre de gravité des lames et celui de la base seront sur la droite Sg, qui, passant par le centre de gravité de toutes les lames, passera nécessairement par le centre de gravité de la solidité de la pyramide.

Si l'on prend pour base le triangle SAB, et C pour sommet, on prouve de même que la droite Cg′, qui joint le sommet C au point g′, centre de gravité de la base, passe aussi par le centre de gravité de la solidité de la pyramide : les deux droites Sg et Cg′, étant dans le plan SDC, se coupent au point G, qui est le centre de gravité cherché.

Dg = 1/3 DC, Dg′ = 1/3 DS ; si l'on tire gg′, elle coupe les côtés DS et CD du triangle SCD en parties proportionnelles, elle est donc parallèle à SC et en est le tiers ; les deux triangles gGg′ et GCS sont semblables, et ils donnent gg′ : SC :: gG : GS. gg′ = 1/3 SC, gG = 1/3 GS, ou le quart de Sg.

65. *Trouver le centre de gravité de la solidité d'une pyramide quelconque.*

Cherchez le centre de gravité de la base ; menez une droite du sommet à ce point, le centre de gravité cherché sera, sur cette droite, au quart, à partir de la base.

On démontre, comme pour la pyramide triangulaire, que le centre de gravité est sur la droite, qui joint le sommet au centre de gravité de la base, en considérant cette pyramide comme composée de lames très-minces et parallèles à la base. Par la décomposition de la pyramide proposée, en pyramides triangulaires, on aurait le centre de gravité de chacune, sur un plan parallèle à la base et passant au quart de la hauteur, à partir de la base ; donc le centre de gravité de la solidité de toutes les pyramides sera dans ce plan ; il est aussi sur la droite Sg, il sera donc nécessairement au point commun, à la droite et au plan, et par conséquent au quart de Sg, à partir de la base, puisque ce plan coupe de la même manière toutes les droites menées du sommet à un point quelconque de la base.

66 *Trouver le centre de gravité de la solidité d'un cône.*

Un cône, étant une pyramide dont la base est un polygone d'une infinité de côtés; on trouvera le centre de gravité par la règle donnée pour une pyramide; il sera donc au quart, à partir de la base, de la droite qui joint le sommet au centre de la base.

67. *Trouver le centre de gravité de la solidité d'un prisme et d'un cylindre.*

Le centre de gravité est au milieu de la droite qui joint les centres de gravité des deux bases. C'est évident.

68. *Procédé mécanique pour trouver le centre de gravité des solides.*

Suspendez le corps par un fil ou une corde; lorsque le corps sera en repos, la direction du fil ou de l'axe de la corde tendue passera par le centre de gravité. Attachez le fil ou la corde à un autre point du corps, et suspendez-le de nouveau; lorsqu'il n'y aura plus de mouvement, la direction du fil ou de la corde tendue passera encore par le centre de gravité; l'intersection des deux directions sera le centre de gravité demandé.

Voici un autre moyen. Placez, sur un tranchant droit et disposé horizontalement, le corps dont vous cherchez le centre de gravité; lorsque le corps sera en équilibre, ou près de rester en repos, le centre de gravité sera dans le plan vertical déterminé par le tranchant. Vous aurez un autre plan dans lequel sera aussi le centre de gravité. Procédez de même une troisième fois; le point commun aux trois plans sera le centre de gravité demandé.

La détermination du centre de gravité est d'un grand usage, dans les transports des terres, dans les remblais et les déblais. La position des centres de gravité est d'une grande importance.

DE L'ÉQUILIBRE DANS LES MACHINES SIMPLES.

69. Sous le nom de *machine*, on comprend généralement toute espèce d'instrument propre à transmettre l'action des forces sur des points situés hors de leur direction. Il y a des machines simples et des machines composées. On compte ordinairement sept machines simples : le *levier*, les *cordes*, les *poulies* et les *moufles*, le *tour* ou *cabestan*, le *plan incliné*, la *vis* et le *coin*. Ces machines simples entrent comme éléments dans les autres machines; elles peuvent être ramenées au levier, comme nous le verrons.

DU LEVIER.

70. En parlant du levier, nous avons établi la condition d'équilibre, dans le cas où deux forces étaient appliquées à un levier réduit à une ligne droite inflexible et sans pesanteur; mais dans la réalité, le levier est une barre matérielle sur laquelle agit la pesanteur; par conséquent, le poids du levier est une force dont la direction est verticale, et qui peut augmenter ou diminuer l'effet de la puissance, suivant la position du centre de gravité et de la puissance, par rapport au point d'appui.

Pour tenir compte du poids du levier, il faut voir si la direction de cette force passe par le point fixe, ou si, ne passant pas par le point fixe, elle est ou non dans le plan des forces.

Si la verticale, qui passe par le centre de gravité, passe aussi par le point d'appui et se trouve dans le plan des forces, il serait inutile d'y avoir égard; le levier peut être considéré comme une ligne droite inflexible et sans poids, parce qu'on augmente seulement la charge du point d'appui du poids du levier.

Si la direction de la force qui résulte du poids du levier, ne passe pas par le point d'appui, et qu'elle soit cependant dans le plan de la puissance et de la résistance, il faut composer la force P (fig. 32) et le poids du levier en une force S, et le levier peut alors être considéré comme une ligne droite inflexible et sans pesanteur. La condition d'équilibre sera facile à déterminer. On abaissera du point d'appui C des perpendiculaires sur les directions des forces R et S; ces deux forces devront être en raison inverse des bras du levier. Si l'on nomme r et s ces perpendiculaires, on devra trouver, pour qu'il y ait équilibre, cette relation : $R : S :: s : r$, d'où $R \times r = S \times s$.

On pourrait raisonner ainsi, et dire : Pour qu'il y ait équilibre, il faut que le moment de la résultante soit égal à la somme des moments des deux forces P et p ; abaissant des perpendiculaires a, b et c sur les directions des trois forces R, P et p, la condition d'équilibre serait $R \times a = P \times b + p \times c$.

Au premier abord, il semblerait indispensable de considérer séparément le centre de gravité de chacune des parties du levier, de part et d'autre du point d'appui ; les deux poids séparés ne produisent pas d'autre effet que leur résultante, qui est le poids des deux parties appliquées au centre de gravité du levier; par conséquent, il vaut mieux procéder comme on vient de le voir; il y a une force de moins à considérer et à introduire dans le calcul.

Si la puissance n'est pas verticale, il faut décomposer la force p (fig. 33), poids du levier, en deux forces parallèles, agissant l'une p' sur le point d'appui C, l'autre p'' sur le point A. Composant ensuite P et p'' en une seule force S, on n'aurait à considérer que les deux forces R et S, qui devront satisfaire à la condition connue pour qu'il y ait équilibre.

Lorsqu'on a égard à la force p, et que les deux forces R et P ne sont pas dans un même plan, c'est la force S qui est dans un même plan avec la force R, et ces deux forces satisfont à la condition d'équilibre.

Dans le cas où l'on emploierait plus d'une force, appliquées à un même point du levier, et non comprises dans un même plan, il faudrait toujours les réduire à une pour établir les conditions d'équilibre. On remarquera que la charge du point d'appui est la même que si toutes les forces y étaient immédiatement appliquées parallèlement à leur direction. On expliquerait cette action sur le point C, en disant que la résultante des deux forces R et S passe par le point C, qui détruit son action. Cette résultante peut y être décomposée en deux forces égales et parallèles à R et à S. Ensuite S peut être décomposée en autant de forces égales et parallèles à celles qui avaient concouru à la composer. Par cette décomposition, toutes les forces qui agissent sur le levier seraient transportées au point d'appui parallèlement à la position qu'elles ont en agissant sur le levier. Donc le point C supporte une action égale à la résultante de toutes les forces qui agissent sur le levier, comme si on les y transportait parallèlement à leurs directions.

Dans le levier matériel, le point d'appui n'est plus un point, mais un corps, dont la surface, sur la partie de laquelle porte le levier, résiste aux efforts qu'exercent la puissance et la résistance, et il est facile de voir que si la résultante de ces trois forces ne rencontrait pas perpendiculairement cette surface, le levier glisserait. Assez souvent le levier est muni d'un axe qui entre dans une chape, ou bien il est traversé par un boulon, sur lequel il tourne, et dans ce cas il ne peut pas glisser. Néanmoins, si la direction de la pression n'était pas perpendiculaire à la surface du boulon, il en résulterait une gêne dans le mouvement autour du boulon, et par suite un équilibre produit en partie par la force du frottement dont il sera parlé plus bas.

De la balance et de la romaine.

71. La *balance* est un levier destiné à peser des marchandises. Elle est composée d'un levier droit, nommé *fléau*, aux extrémités duquel sont suspendus deux bassins pour placer les poids dans l'un, et la marchandise dans l'autre. Le fléau est traversé perpendiculairement dans son milieu par un axe d'acier trempé et taillé en forme de couteau. Dans une *chape*, on trouve une aiguille tenant à l'axe et faisant corps avec le levier. Cette aiguille prend une position verticale quand le fléau est horizontal. Quelquefois elle est au-dessous du fléau, lorsqu'il est soutenu par la chape; alors sa longueur étant plus grande, elle indique avec plus de précision de quel côté penche la balance. Tout le monde connaît la forme des balances, nous nous dispenserons d'en faire la figure.

72. *Conditions indispensables pour qu'une balance soit exacte.*

Il faut que les bras du levier soient égaux ; que le fléau reste horizontal quand les bassins n'y sont pas suspendus, et, quand cette condition est remplie, si les poids des bassins ou *plateaux* dérangeaient la position horizontale du fléau, on la rétablirait par l'addition d'un poids convenable, qui resterait attaché au bassin le moins pesant. En second lieu, le centre de gravité du fléau doit se trouver au-dessous du point de suspension; placé au-dessus, la balance serait folle ; sur le tranchant, elle resterait en équilibre dans toutes les positions, et cependant le fléau doit revenir de lui-même à la position horizontale par une suite d'oscillations. Les bassins, comme le fléau, ne sont convenablement suspendus que lorsque les couteaux d'acier trempé portent sur une pièce aussi d'acier trempé peu courbe ; enfin, il faut que les tranchants des couteaux, qui soutiennent le fléau et les bassins, soient dans un même plan. L'aiguille doit être perpendiculaire à ce plan.

On vérifle une balance en mettant en équilibre des poids ou des objets quelconques ; on change les poids de bassin, et s'il y a encore équilibre, les bras sont égaux ; la balance est exacte et bonne, si les trois couteaux ont le tranchant sur un même plan, ce qu'on vérifle aisément, en tendant un fil de soie sur les tranchants des couteaux qui soutiennent les bassins ; ce fil devra toucher le tranchant du couteau qui soutient le fléau, et être en ligne droite dans cette position. Si cette condition n'était pas remplie, il pourrait arriver qu'il fallût trop de marchandise pour faire pencher la balance du côté où elle est placée, et infiniment peu, si on la changeait de bassin Une balance, dans laquelle cette vérification annoncerait un défaut, favoriserait l'acheteur ou le vendeur, suivant le plateau dans lequel on placerait la marchandise.

73. *Peser exactement avec une balance inexacte.*

On place la marchandise dans l'un des bassins et on met dans l'autre une matière quelconque, du plomb, du sable, etc., et on établit l'équilibre. On ôte la marchandise et on met à sa place des poids, jusqu'à ce que l'équilibre soit établi. Ces poids donnent celui de la marchandise. C'est ce qu'on appelle *double pesée* (1).

74. La *romaine* ou *peson*, que tout le monde connaît aussi, est un levier muni d'une anse ou chape, soutenant le point d'appui. Un poids mobile forme la puissance, nous le nommerons *curseur*. On éloigne plus ou moins ce poids pour faire équilibre à la marchandise. Quelques romaines ont un plateau sur lequel on pose la marchandise ; plus souvent, c'est un crochet auquel on suspend l'objet qu'on veut peser.

Réduisons la romaine à une ligne droite, inflexible et pesante. Soient B (fig. 34) le point de suspension de la marchandise, R son poids, C le point d'appui, G le centre de gravité de la romaine, p son poids, P le poids du curseur. La condition d'équilibre sera $R \times CB = p \times CG + P \times CA$; puisque, par rapport au point d'appui, le moment de la marchandise doit être égal à la somme des moments du curseur et du poids du fléau (n° 29).

(1) Dans l'établissement d'une bonne balance, nous voyons qu'un corps mobile autour d'un axe peut être en équilibre dans trois positions : 1° quand le centre de gravité est au-dessous de l'axe et dans le plan vertical qui passe par l'axe, cet équilibre est dit *stable*, parce que si on écarte le corps de cette position, il y revient ; 2° quand le centre de gravité est au-dessus de l'axe, dans le plan vertical qui passe par l'axe, cet équilibre est dit *instable*, parce que si le corps est écarté tant soit peu de cette position, il n'y revient plus ; 3° quand le centre de gravité est sur l'axe ou que l'axe passe par le centre de gravité, cet état d'équilibre est appelé *indifférent* ; parce que le corps reste en équilibre dans toutes les positions autour de l'axe.

75. *Si l'on pèse des marchandises dont les poids croissent de quantités égales, le bras CA du curseur croîtra aussi de quantités égales.*

Cela est démontré (n° 17) quand le levier est sans pesanteur. Mais nous pouvons aisément ramener le levier à un autre levier sans pesanteur ; car le plus petit poids qu'on puisse peser à une romaine est au moins égal à celui qui est nécessaire pour tenir en équilibre le poids du levier, indépendamment du curseur, plus celui qu'il faut pour tenir aussi en équilibre le curseur, placé aussi près que possible du point d'appui. Si nous partageons par la pensée le poids R en deux parties, l'une qui fait équilibre au poids du fléau, alors le levier reste sans pesanteur, puisque son poids est toujours balancé par la partie que nous avons séparée ; le reste, avec le curseur et la ligne inflexible, forme un levier sans pesanteur. Donc la proposition est déjà démontrée.

76. *Manière de régler et de marquer les poids sur une romaine.*

Pour marquer la place du curseur, lorsqu'il s'agit des poids de 1, 2, 3, etc., kilogrammes, suspendez au crochet de la romaine le poids d'un kilogramme, établissez l'équilibre par le déplacement du curseur, et marquez sur l'arête du fléau la place du couteau du curseur ; ôtez ce poids et suspendez au même crochet le poids d'autant de kilogrammes que votre romaine peut en peser, établissez l'équilibre et marquez la place du couteau du poids mobile, divisez la distance des deux crans en autant de parties égales qu'il y a de kilogrammes, moins un, dans la dernière pesée. Pour faire ces divisions, il faut un bon compas à ressort, à pointes d'acier trempé. Il serait prudent de subdiviser l'intervalle entre les deux crans de deux en deux kilogrammes et de subdiviser ensuite.

Si vous avez besoin des subdivisions du kilogramme, de l'hectogramme, par exemple, partagez l'intervalle entre deux divisions consécutives en dix parties égales.

Si la distance entre les crans voisins ne permettait pas d'y faire dix divisions, marquez 2, 4, 6, 8 hectogrammes.

S'il s'agit d'une romaine destinée à peser des poids considérables, suspendez au crochet de la romaine, et successivement, deux poids, qui diffèrent entre eux du plus grand multiple de dix que vous le pourrez, et opérez ensuite comme s'il s'agissait de marquer des kilogrammes, vous aurez des poids qui différeront entre eux de dix kilogrammes ; puis vous diviserez les dix kilogrammes comme le besoin l'exigera.

Si, pour ne pas trop tâtonner avec le compas, vous mesurez l'intervalle entre les deux premiers crans, la division de cette distance par le nombre convenable, vous donnera, en millimètres et dixièmes de millimètre, la grandeur des parties.

77. La charge du point d'appui sera égale au poids de la romaine, du curseur et de la marchandise. C'est évident.

78. Dans les romaines, on marque des divisions sur deux arêtes opposées, afin que la série des poids que l'on peut peser soit plus étendue; mais il faut les construire de manière que le plus petit poids que l'on peut peser sur une arête soit le plus grand sur l'autre. En conséquence, il y a deux points d'appui, l'un pour les plus grands poids et l'autre pour les plus petits. Le poids du curseur et la position du point d'appui, pour les plus petits poids, ont une dépendance telle que, si l'un est donné, l'autre en dépend.

J'ai renvoyé, à la note (c), les détails de la construction d'une romaine, et les précautions à prendre pour qu'elle ait la précision désirable. Lisez la note, et si les moyens indiqués pour déterminer le point d'appui, quand le curseur est connu, ou le poids du curseur, quand le point d'appui est donné, ne vous convenaient pas, voici le moyen de trouver le point d'appui, lorsque le poids du curseur est connu.

Pesez au fort le plus petit poids que vous puissiez y peser, désignez-le par Q; pesez ensemble le fléau et les trois axes, nommez ce poids G; C, celui de l'une des chapes qui doivent soutenir le point d'appui, et P, le poids du curseur; appelez q, g, c et p, les distances de chacun des points d'application à la droite xx' (fig. 35); cherchez la distance du point d'application de la résultante de ces quatre forces, ce sera la distance $x'z$, distance du couteau de l'axe dont vous voulez connaître la position. Les poids Q et C sont dans l'équilibre de la romaine au faible, d'un côté de la résultante, ils sont appliqués en x' et y; les poids G et P sont appliqués, l'un au centre de gravité et l'autre à l'extrémité du fléau. Prenez les moments de ces forces par rapport à la droite xx' (n° 38).

$$\text{La distance cherchée} = \frac{C \times c + G \times g + P \times p}{Q + C + G + P} = x'z.$$

Le moment de Q égale zéro, parce que la force a son point d'application sur la direction de xx', axe des moments.

Si l'on donnait la position de l'axe, ou z, et qu'il fallût déterminer P, vous trouveriez, à la note (d), l'indication du calcul à faire.

DES CORDES.

79. Nous supposons les cordes parfaitement flexibles, réduites à une ligne sans pesanteur, à moins que nous n'en avertissions expressément.

Lorsque trois forces, P, Q et R (fig. 36), appliquées à trois cordons réunis au point A, se font équilibre, ces trois forces doivent être dans un même plan, et avoir entre elles les relations données par le parallélogramme des forces (n° 27).

Si le nœud A était coulant ou un anneau, cet anneau glisserait jusqu'à ce que la direction du cordon AR (fig. 37) divisât l'angle PAQ en deux parties égales, c'est-à-dire, jusqu'à ce que AP et AQ, qui ne font qu'un cordon, fussent également tendus. Les forces P et Q étant égales, la direction de la force R, qui leur fait équilibre, divise nécessairement l'angle PAQ en deux parties égales.

Si les cordons AP et AQ étaient attachés à des points fixes, il est clair que les forces avec lesquelles ces points seraient tirés égaleraient les puissances P et Q (fig. 38).

Chaque cordon éprouve dans toute sa longueur une tension évidemment égale à la force appliquée à l'une de ses extrémités ; ainsi, nous pouvons substituer la tension des cordons à la force appliquée à chacun.

Si nous considérons les réverbères, nous verrons que, abstraction faite du poids de la corde, les deux points fixes sont également tirés, dans le sens de la corde, et le cordon également tendu dans toute sa longueur.

81. *Etant données la position des points fixes et la longueur du cordon, trouver la position du réverbère* (fig. 39).

Cette position serait dans la verticale passant au milieu des points fixes s'ils étaient de niveau, quelle que fût la longueur du cordon ; mais si le point P est plus élevé que le point Q, le réverbère sera sur une verticale plus rapprochée du point Q que du point P ; à mesure qu'on allongera le cordon, le réverbère se rapprochera de la verticale qui passe au milieu des points donnés, mais il n'arrivera jamais sur cette ligne qui est la limite.

Soient m la longueur du cordon, P et Q les points fixes, auxquels sont attachées les extrémités du cordon. Du point P comme centre, et avec un rayon égal à m, décrivez un arc de cercle qui coupe au point C la verticale qui passe par Q ; du point D, milieu de QC, menez l'horizontale DE, le point E où elle coupe la droite PC, sera le point auquel le réverbère sera fixé ; car, si vous tirez QE, vous aurez QE = EC, puisque les deux triangles rectangles QDE et CDE sont égaux, la verticale ER divisera l'angle QEP en deux parties égales, condition nécessaire pour que les parties du cordon PEQ soient également tendues.

Si l'on suppose que la force R (fig. 40) ne change pas de grandeur, et qu'on cherche, dans cette supposition, la tension des cordons, il restera démontré que cette tension augmente d'autant plus rapidement que l'angle PAQ est plus grand, et que les deux côtés AB et AC du parallélogramme ABCD peuvent devenir plus grands qu'une ligne donnée. On en déduit que la tension des cordons AP et AQ, représentée par ces lignes, quelque petite que soit la force R, deviendra plus grande qu'une force donnée aussi grande qu'on voudra, et que les points fixes tirés si fortement ne pourront résister ; donc il serait impossible de mettre les deux lignes AP et AQ en ligne droite.

82. Abstraction faite de toute force R, si on voulait tendre une corde horizontalement entre les deux points P et Q de niveau, on n'y parviendrait point ; puisque le poids de la corde, résidant en quelque sorte au centre de gravité, ferait rompre la corde ou arracherait les crampons, avant qu'on fût parvenu à la tendre horizontalement.

Quelquefois, on attache plusieurs cordons au même nœud, comme on fait pour sonner une très-grosse cloche ou tirer une *sonnette ;* dans ce cas, on trouve la condition d'équilibre et la tension des cordons, ainsi qu'on l'a dit (n° 45), lorsque plusieurs forces agissent sur un point matériel.

DES POULIES ET DES MOUFLES.

83. Une *poulie* est une espèce de roue pleine ou évidée, tournant sur un axe engagé dans une chape. Il y a, sur le champ de la poulie, une gorge dans laquelle passe une corde qui transmet l'action des forces.

(Pour qu'une poulie soit bien et solidement construite, il faut que son épaisseur soit au moins un cinquième du diamètre.)

La poulie fixe (fig. 41) sert à changer la direction de l'action de la puissance, qui n'a d'ailleurs aucun avantage sur la résistance ; car il est évident que si le cordon PA était plus tendu que le cordon RB, la poulie tournerait, et le poids R s'élèverait, ce qui ne pourrait avoir lieu dans l'état d'équilibre.

Les forces étant égales, la résultante passe par l'axe situé au milieu de la direction des deux forces. La charge de l'axe est égale à la résultante, abstraction faite du poids de la poulie. Si nous voulons trouver cette pression, il faut tirer les deux rayons CA et CB au point de tangence, ce qui revient à abaisser du centre, qui est le point d'appui, des perpendiculaires sur la direction des forces P et R : menez ensuite la corde AB, elle représentera la résultante (n° 28). Donc la poulie fixe revient au levier ; la puissance est égale à la résistance, et la puissance est à la charge de l'axe, comme le rayon est à la corde qui soutend l'arc embrassé par la corde. La puissance et la résistance agissent l'une sur l'autre au moyen du levier coudé, dont les bras sont égaux.

Si les deux cordons étaient parallèles (fig. 42), la charge de l'axe serait double de l'une des forces, puisque la soutendante est le diamètre ou le double du rayon.

Lorsque la poulie est mobile, et que la chape porte le poids, la poulie se meut avec le poids ou la résistance, les cordons sont également tendus ; la charge de l'axe, abstraction faite du poids de la poulie et de la chape, est égale à la résistance, et l'on a toujours (fig. 43) P : R :: CA : AB.

Dans ce cas, la puissance a toujours de l'avantage sur la résistance, quand la soutendante est plus grande que le rayon. La puissance peut n'être qu'une moitié de la résistance (fig. 44), quand la puissance agit parallèlement à la résistance, ou quand les cordons sont parallèles, alors la puissance jouit du plus grand avantage.

85. S'il y avait trois poulies mobiles et une poulie de renvoi, comme on le voit figure 45, les cordons étant parallèles, il est clair que, abstraction faite du poids de la poulie, la force R′ serait la moitié de la résistance R ; que la force R″ serait la moitié de R′, et par conséquent le quart de la résistance ; que R‴ serait la moitié de R″ ou le huitième de la résistance ; que la force P, qui agit au moyen d'une poulie fixe, est égale à R‴ ; et que par conséquent elle est la huitième partie de la résistance.

Avec des poulies comme avec des leviers, on peut, au moyen

d'une petite force, surmonter une grande résistance; mais il est bon d'observer que l'on perd en temps ce qu'on gagne en force. En effet, dans le cas de la poulie fixe, si la puissance tire le cordon d'un mètre de longueur, le poids s'élève d'un mètre, c'est évident; mais dans le cas de la poulie mobile à cordons parallèles, circonstance la plus favorable, si la résistance s'élève d'un mètre, par exemple, il y aura deux mètres de cordons de moins; ainsi il faudra que la puissance emploie un temps double à tirer deux mètres de cordon. Cette observation nous conduit à conclure que le temps, si nous passons d'une poulie à l'autre, sera 2 fois, 4 fois, 8 fois, etc., plus grand, s'il y a 1, 2, 3, etc., poulies mobiles, comme dans la figure 45.

86. On appelle *moufles*, *palans*, *caliornes*, plusieurs poulies tenant à deux chapes, l'une fixe et l'autre mobile.

Dans les machines représentées par les figures 46, 47, les cordons sont parallèles ou à peu près parallèles, toutes les poulies sont embrassées par un même cordon, et il est clair que les cordes parallèles sont également tendues, que la résistance est supportée par toutes les cordes, et que chaque corde en supporte une partie, déterminée par le quotient de la résistance, divisée par le nombre des cordes qui aboutissent à la chape mobile. Dans la figure 46, il y a six cordons, par conséquent, chacun supporte 1/6 de la résistance; dans la figure 47, sept cordons soutiennent la moufle mobile; par conséquent, chacun supporte 1/7 du poids de la résistance. La puissance P est donc 1/7 de la résistance; il est entendu que la chape mobile et les poulies qui la composent sont comprises dans la résistance.

Dans la figure 47, les poulies ont différents rayons, tandis que dans les moufles en usage on donne aux poulies le même rayon et cela convient mieux, parce que les cordes opposent moins de résistance quand elles passent sur des poulies d'un plus grand rayon.

DU TOUR.

87. On appelle *tour* ou *treuil*, un cylindre placé horizontalement, garni d'une roue qui a même axe que le cylindre, et la machine peut tourner autour de cet axe. Souvent on remplace la roue par des barres qui traversent le cylindre perpendiculairement à l'axe.

Le tour prend le nom de *cabestan*, quand l'axe est vertical.

Une corde, soutenant un poids, s'enroule sur le cylindre (nommé aussi *arbre*) et fait effort pour faire tourner l'arbre dans le sens de la direction de la force. On peut remarquer que l'effort du poids pour faire tourner l'arbre serait le même, à quelque partie de l'arbre qu'on l'appliquât, lors même que la direction de la force changerait, pourvu qu'elle ne cessât pas d'agir perpendiculairement à l'axe. Car si, à un autre endroit de l'arbre, on roulait, en sens contraire, une autre corde, et qu'on y appliquât un poids égal à celui que soutient la première, le tour resterait en repos. C'est évident, il n'y aurait pas de raison pour qu'il tournât dans un sens plutôt que dans un sens contraire.

Trouver dans le tour la condition d'équilibre entre la puissance et la résistance.

87. La force P (fig. 48) agissant suivant la droite PA, tangente à la roue, exerce son action comme si elle tirait le rayon CA mené au point de tangence. Ce rayon est perpendiculaire sur la direction de cette force ; on peut donc supprimer la roue et en conserver le rayon CA. La résistance agit aussi comme si elle ne tenait à l'arbre que par *ca*, mené au point de tangence de la corde, et, comme elle fait le même effort pour faire tourner l'arbre, quelle que soit la partie de l'arbre à laquelle on l'applique, si on la transportait, parallèlement à sa direction, dans le plan de la roue, réduite au rayon CA, et à l'extrémité du rayon C*a'*, parallèle à *ca*, elle agira sur la puissance au moyen du levier coudé AC*a'*, qui aura pour point d'appui le point C de l'axe, et pour bras C*a'* et CA. Donc le tour revient au levier, et, par conséquent, il faut que l'on ait P : R :: C*a'* : CA ; c'est-à-dire que *la puissance est à la résistance, comme le rayon de l'arbre ou du cylindre est au rayon de la roue.*

88. Dans l'usage du tour, les cordes sont grosses , on ajoutera au rayon du cylindre, le rayon de la corde qui soutient la résistance, et au rayon de la roue, celui de la corde, au moyen de laquelle agit la puissance ; les calculs seront plus exacts.

La roue d'un tour a 148 centimètres de rayon, le cylindre 9,3 ; la corde qui soutient la résistance a pour diamètre 2,3 , celui de la corde qui transmet à la roue l'action de la puissance est en millimètres 18,5; la résistance à vaincre est 2374^kg; quelle sera la puissance nécessaire pour établir l'équilibre ?

Le rayon de la roue est..............................	148^c
Le diamètre de la corde qui transmet la puissance est en millimètres 18,5 et le rayon..........	0,925
Rayon de la roue......	**148,925**
Le rayon du cylindre est..........	9,3
Le diamètre de la corde qui soutient la résistance est 2,3 millimètres, le rayon est donc...............	1,15
Rayon du cylindre......	**10,45**

La puissance : 2374^kg :: 10,45 : 148,925
qui donne pour la puissance...................... 166^kg,6

89. La charge des points d'appui intéresse rarement, parce que les supports sont généralement assez forts pour résister. Le cylindre porte à ses extrémités des tourillons qui tournent dans des colliers ou sur des coussinets appuyés sur des supports très-solides.

Si la puissance ou la résistance n'agissait pas suivant une direction comprise dans un plan perpendiculaire à l'axe, la machine supporterait, parallèlement à l'axe, un effort qui gênerait les mouvements; parce qu'on pourrait décomposer cette force en deux autres, dont l'une serait comprise dans un plan perpendiculaire à l'axe, et l'autre parallèle à cet axe. L'effet de la première entrerait seul dans les conditions d'équilibre, et celui de la seconde gênerait les mouvements des tourillons, et, par conséquent, diminuerait l'effet de la puissance.

Des roues dentées.

90. On a pu remarquer dans les tourne-broches, les montres, etc., des roues dentées, et on a vu que l'axe de ces roues porte une petite roue, nommée *pignon*, dans laquelle on taille des dents ou des ailes. Quelquefois on substitue au pignon une *lanterne*, dont les *fuseaux*, parallèles à l'axe, sont liés aux plateaux ronds tenant à l'axe. Ces plateaux prennent le nom de *tourtes* ou *tourteaux*.

Les pignons, dans les moulins, prennent le nom de *rouets*, et on donne le nom d'*alluchons* aux dents implantées dans les rouets et dans les roues.

On emploie les roues dentées pour exercer une grande force, pour augmenter ou diminuer des vitesses, pour changer la direction des mouvements ou rendre sensibles des mouvements inappréciables à l'œil, sans le secours d'une machine. Voyons comment on évalue les forces produites, ainsi que les vitesses engendrées. Ces machines rentrent dans la théorie du tour, dont elles ne sont qu'une extension.

91. Supposons que la roue A (fig. 49) porte un pignon a ; que ce pignon mène la roue B, à laquelle tient le pignon b, conduisant la roue C, qui tient à un arbre, autour duquel s'enroule une corde, comme dans le tour. Une résistance est attachée à la corde. Il faut trouver la condition d'équilibre entre la puissance P et la résistance R.

Les engrenages sont assujettis à des règles de construction que nous n'avons point à exposer. Il s'agit ici de l'équilibre et non de la construction des machines. Cependant nous dirons que le nombre des dents du pignon et de la roue qu'il mène, sont proportionnels aux rayons moyens des circonférences ; c'est-à-dire, au rayon du pignon, qui prendrait la moitié de la longueur des dents, et au rayon de la roue, qui prendrait aussi la moitié de la longueur des dents de cette roue ; la circonférence du cercle moyen du pignon toucherait exactement la circonférence moyenne de la roue. Voilà un point essentiel d'établi.

Nommons A′, B′, C′ les rayons des roues A, B, C ; a', b', c' les rayons des pignons a et b, et du cylindre c ; appelons p, p', p'' la force des pignons ; nous aurons d'abord P : p :: a' : A′. La force p du pignon a est appliquée à la circonférence de la roue B, qui imprime au pignon b une force donnée par cette proportion : $p : p'$ :: b : B′. La force p' du pignon p est appliquée à la circonférence de la roue C, qui imprime à l'arbre une force donnée par cette proportion : $p' : p''$ :: c' : C′.

Multipliant ces trois proportions par ordre, nous aurons :

$$P \times p \times p' : p \times p' \times p'' :: a' \times b' \times c' : A' \times B' \times C',$$

Supprimant les facteurs p et p', communs aux deux premiers termes, nous trouverons cette relation facile à retenir :

$$P : R :: a' \times b' \times c' : A' \times B' \times C' \text{ ou}$$

la puissance est à la résistance, comme le produit des rayons des pignons est au produit des rayons des roues.

Au moyen d'une semblable machine, une petite force peut surmonter une grande résistance ; car si les rayons des roues étaient 6, 7, 9, les rayons des pignons 2, 2, et celui du cylindre 3, la proportion précédente donnerait :

$$P : p'' \text{ ou } R :: 2 \times 2 \times 3 : 6 \times 7 \times 9 \text{ ou}$$

$$P : R :: 12 : 378 :: 1 : 31,5.$$

Si P était 10^{kg}, R serait 315^{kg}.

92. Examinons comment on peut retarder le mouvement. Pour fixer les idées, supposons que le pignon a porte 7 ailes, la roue B, 56 dents; le pignon b, 8 ailes, et la roue C, 80 dents. Si le pignon a faisait, par l'effet de la force P, passer une dent de la roue B, elle aurait fait 1/56 de tour; s'il faisait passer deux dents de la roue B, elle aurait fait 2/56 de tour; enfin, quand le pignon a aura fait passer 7 dents, la roue B aura fait 7/56 de tour. Mais comme il faut un tour complet de la roue A, pour que le pignon a, qui a 7 ailes, ait fait passer 7 dents de la roue B, il s'ensuit que, pour un tour de la roue A, la roue B a fait 7/56 de tour.

De même, si le pignon b faisait passer une dent de la roue C, cette roue aurait fait 1/80 de tour; s'il en faisait passer deux, elle aurait fait passer 2/80 de tour, et comme pour 1 tour de b, la roue C aurait fait passer 8/80 de tour, si le pignon b fait 7/56 de tour, la roue C aura fait 7/56 de 8/80. Donc pour un tour de la roue A, la roue C ou l'arbre aura fait 7/56 de 8/80, ou $7 \times 8/56 \times 80$ de tour ou 1/80.

S'il y avait une quatrième roue, elle ne paraîtrait pas tourner à chaque tour de A.

En général, pour un tour de la première roue, la dernière aura fait une portion de tour exprimée par une fraction, qui a pour numérateur le produit du nombre des ailes des pignons, et pour dénominateur le produit du nombre des dents des roues.

Dans le cas où l'on voudrait augmenter la vitesse, l'inverse aurait lieu, et la dernière roue, pour un tour de celle qui transmet le mouvement, ferait un nombre de tours exprimé par une fraction qui aurait, pour numérateur, le produit des nombres des dents des roues, et pour dénominateur, le produit du nombre des ailes des pignons. C'est sur des calculs semblables qu'on a pu construire des pendules, des horloges, des montres.

93. Si l'on cherchait la vitesse de la puissance P, et celle du poids, on remarquerait que, pour un tour de la roue A, le cylindre fait $7 \times 8/56 \times 80 = 1/80$ de tour; que si l'on prenait pour unité de temps celui qu'emploie la roue A pour faire un tour, la vitesse de la puissance serait la circonférence de A, et celle de la résistance 1/80 de la circonférence de l'arbre; d'où l'on peut conclure encore ici que ce qu'on gagne en force, on le perd en vitesse.

A la seule inspection des engrenages, on observe que la roue B tourne en sens contraire du mouvement de A; que la roue C tourne dans le sens de A.

94. Souvent on emploie des cordons ou des lanières, qui embrassent des cylindres ou des roues. Au moyen de ces courroies, on fait tourner des cylindres ou des roues, dans le même sens ou en sens contraire, pourvu que l'on croise la corde ou la courroie, comme on a pu le remarquer dans les ateliers de tourneurs, chez les coutcliers, etc. Les lanières ou cordes croisées ont un autre avantage : le frottement, dont il sera question plus bas, est augmenté, parce que la courroie embrasse un plus grand arc, et qu'elle est moins disposée à glisser.

95. Si on voulait connaître la vitesse relative de la roue, menée par la lanière ou la corde, il faudrait mesurer les rayons des deux roues, et diviser le rayon de la roue qui agit sur la corde par le rayon de l'autre roue ; le quotient serait le nombre de tours que fait la seconde roue, pour un tour de la première.

En effet, la roue motrice ne peut tourner sans entraîner la corde tendue et appliquée sur la circonférence. La corde chemine comme la roue, et lorsque la circonférence a fait un tour, la corde a marché d'une quantité égale à la longueur de la circonférence de la roue motrice. Par conséquent, les points de la corde qui portaient sur la circonférence de la roue menée, auront entraîné dans leur mouvement, et avec la même vitesse, les points de la circonférence ; ils auront donc fait autant de chemin que les points de la roue motrice. Donc, si la roue menée avait une circonférence égale à celle de la première roue, elle aurait fait un tour en même temps ; si elle avait une circonférence double, elle n'aurait fait qu'un demi-tour ; si elle avait une circonférence triple, elle n'aurait fait qu'un tiers de tour, etc. ; si elle avait une circonférence moitié de la première, elle aurait fait deux tours ; si elle n'était que le tiers, elle aurait fait trois tours, etc. On peut donc dire que, pour connaître le nombre de tours de la seconde pour un tour de la première, il faudrait diviser la circonférence de celle-ci par la circonférence de celle-là ; parce que les circonférences sont comme les rayons, il faudra diviser le rayon de la première par le rayon de la seconde ; le quotient sera le nombre cherché.

Du cric.

96. Le *cric* se rapporte aux roues dentées. Cette machine est formée, quand elle est simple, d'un pignon, mu par une manivelle, dont les ailes agissent sur les dents d'une barre qui a la faculté de se mouvoir dans une chasse. Voyez la figure 50.

Il est clair que lorsqu'il y a équilibre, *la puissance est à la résistance comme le rayon du pignon est au rayon de la circonférence que décrit la manivelle.*

Dans le cric composé, le pignon conduit par la manivelle mène une roue dentée portant un pignon, dont les ailes agissent sur les dents de la barre. Dans cette machine composée, *la puis-*

*sance est à la résistance comme le produit des rayons des pi-
gnons est au produit des rayons de la roue et de la circonférence
que décrit la puissance.*

Des charrettes.

97. Nous ne quitterons pas l'article des roues sans parler de
l'équilibre d'une charrette à deux roues, que nous supposerons
chargée et attelée. Quoique les rais des roues soient inclinés
pour élargir la voie sans allonger l'essieu, et pour résister plus
fortement, lorsque la charrette penche sur le côté, nous les supposerons situés dans le plan de la roue et perpendiculaires à
l'axe de l'essieu, ce qui sera la même chose pour l'équilibre. Il
nous suffira de raisonner sur une seule roue.

Soit O une des roues de la charrette chargée et attelée (fig. 51),
placée sur un terrain de niveau BD; soit aussi C, le centre de la
roue, appartenant également à l'axe de l'essieu. L'intersection
du plan de la roue et du terrain est une ligne horizontale tangente à la roue. Le rayon CE, mené au point de tangence, étant
dans un plan vertical (celui de la roue) et en même temps perpendiculaire à la tangente, est une ligne verticale; par conséquent, la pression qu'exerce l'axe de l'essieu sur le centre de la
roue, est détruite par la résistance du sol; de sorte qu'il y a équilibre, sans que l'attelage emploie la moindre force pour le produire, en ce qui concerne la seule pression de l'essieu. Le
moindre effort ferait avancer la charrette.

Si l'attelage tire suivant la ligne CG, perpendiculaire à CE,
toute la force sera employée à faire avancer la charrette; s'il tire
suivant la ligne CF, qui penche vers le sol du côté de l'attelage,
la pression sur le centre de la roue est augmentée; car la force
employée au tirage peut être décomposée en deux autres, l'une
agissant suivant CE, et l'autre suivant CG; cette dernière sera
seule employée au déplacement de la roue, et l'autre augmentera
la pression. S'il tire suivant la ligne CA, qui penche vers le der-
rière de la voiture, alors la pression sur le centre de la roue est
diminuée; car on peut décomposer la force de l'attelage en deux
autres, agissant, l'une suivant CI, et l'autre suivant CG. Cette
dernière sera seule employée au mouvement de la charrette, et
l'autre exercera son action suivant CI, dans un sens opposé à la
pression, et la diminuera d'autant.

Il y a donc une perte de force, quand l'attelage ne tire pas la
charrette suivant une ligne horizontale, ici suivant une ligne parallèle au terrain; ce qui exige que le centre de la roue soit à la
hauteur du joug, si ce sont des bœufs, ou à la hauteur de la
moitié du poitrail, si c'est un cheval. Dans le cas contraire, il y
aurait toujours une perte de force.

Nous avons supposé deux choses : 1° que le terrain était de niveau; 2° que l'essieu, ou, pour mieux dire, l'axe de l'essieu, exerçait son action sur le centre de la roue, comme s'il passait par le
centre de gravité de toute la charge de la charrette. Nous n'avons
pas examiné ce qui aurait lieu, si le centre de gravité de la voi-

ture chargée, n'était ni sur l'essieu ni dans le plan vertical qui passe par l'axe de l'essieu.

Si le centre de gravité n'était pas dans le plan vertical qui passe par l'axe de l'essieu, et qu'il se trouvât du côté de l'attelage, on pourrait décomposer le poids en deux autres, l'un dans le plan dont nous venons de parler, et l'autre sur le dos du cheval attelé au brancard, ou sur le joug des bœufs. Dans cet état de choses, il est visible que si l'attelage supportait un fardeau trop pesant, il ne lui resterait pas de force pour tirer, et que le centre de gravité ne doit pas être éloigné du plan vertical qui passe par l'axe de l'essieu. Si le centre de gravité était hors de ce plan, et de l'autre côté de l'attelage, l'essieu servirait d'appui à deux poids ; l'un tout le poids de la voiture, les roues exceptées, et l'autre celui qu'il faudrait placer sur le brancard, vis-à-vis de la sellette ou sur le joug des bœufs, pour empêcher la charrette de faire la bascule. Dans cette supposition, l'essieu porte un poids plus considérable que celui de la charrette chargée, et la pression sur les roues est augmentée du poids d'une partie du cheval ou de l'effort que font les bœufs pour s'opposer à la bascule.

De ces observations, on doit conclure que si le centre de gravité ne peut pas constamment rester dans le plan vertical qui passe par l'axe de l'essieu, il doit peu s'en éloigner, et être tant soit peu du côté de l'attelage.

98. Supposons maintenant que la charrette, toujours chargée et attelée, soit sur un plan incliné, et cherchons les conditions d'équilibre dans cette situation.

Soient O (fig. 52) la roue dont le plan est vertical, C son centre, et BD le plan du terrain incliné. L'intersection du plan de la roue et du terrain est une droite tangente à la circonférence de la roue. Menons le rayon CE, perpendiculaire à BD, le point E sera celui que la roue a de commun avec le terrain. La pression de l'axe de l'essieu, considéré comme portant toute la charge, est un poids exerçant son action suivant une ligne verticale CL. Décomposons cette pression en deux autres agissant, l'une suivant CK, parallèle à BD, et l'autre suivant CE. Cette dernière sera détruite par la résistance du sol, elle aura pour mesure CM, si nous avons pris CL pour la diagonale du parallélogramme CKLM ; et l'autre pression CK, sera l'effort que doit faire l'attelage, en tirant parallèlement à BD, s'il monte, et en reculant, s'il descend, pour qu'il y ait équilibre.

Dans le cas où l'attelage ne tirerait pas parallèlement au terrain, nous trouverions que la pression de l'axe de l'essieu augmenterait ou diminuerait, comme nous l'avons déjà vu. La position du centre de gravité doit encore être considérée, si l'on veut connaître toutes les circonstances qui favorisent ou augmentent le tirage. Il ne peut pas se présenter de difficultés qui ne soient promptement levées, si l'on a recours aux observations précédentes.

DES PLANS INCLINÉS.

99. Tout plan qui fait avec l'horizon un angle aigu ou obtus, est dit *plan incliné*. Dans les arts, on se sert du plan incliné pour soutenir une partie du poids des corps.

Un point, pressé par une seule force contre un plan que nous supposerons inflexible et inébranlable, reste en repos, si la direction de la force est perpendiculaire au plan; car alors il n'y a aucune raison pour que le point se meuve dans une direction plutôt que dans une autre, puisqu'une direction quelconque fait le même angle avec la direction de la force. Il restera donc en repos.

Un point matériel, pressé par une force dont la direction ne serait pas perpendiculaire au plan, se mouvra; car la force qui le presse pourra être décomposée en deux forces, l'une perpendiculaire, et l'autre parallèle au plan. La résistance du plan détruira la première; la seconde imprimera au point un mouvement dans le sens de cette composante, puisque rien ne s'oppose à son action.

Lorsqu'un corps, pressé contre un plan par plusieurs forces, touche ce plan par un seul point, et que le corps reste immobile, il faut que la direction de la résultante de toutes les forces passe par ce point d'appui, et qu'elle soit perpendiculaire au plan.

Si le corps s'appuie sur le plan par plusieurs points non en ligne droite, il faudra que la direction de la résultante de toutes les forces qui agissent sur le corps soit perpendiculaire au plan, et qu'elle passe par un point placé dans l'intérieur du polygone rectiligne, ayant les sommets des angles aux points mêmes sur lesquels le corps s'appuie, c'est évident; car les forces qui agissent sur les points pressés sont perpendiculaires au plan, elles sont en même temps parallèles entre elles, et leur résultante, comme on peut le voir, doit passer par un point pris dans l'intérieur du polygone, dont les sommets sont déterminés par les points d'application.

Supposons que le corps s'appuie sur deux points A et B du plan. Il est clair que la résultante des deux pressions, perpendiculaires au plan, et, par conséquent, parallèles entre elles, rencontrera le plan sur la droite AB, qui joint les deux point d'application.

Si le corps s'appuyait sur trois points A, B, C (fig. 53), la résultante des deux forces qui passent par A et B rencontrerait la droite AB en D, par exemple; celle des forces qui passent par D et C passerait nécessairement par un point de la droite DC, tout entière, dans le triangle ABC; donc elle passerait par l'un des points de l'intérieur du triangle; ainsi des autres.

100. *Un corps pesant,* G *(fig. 54), placé sur un plan incliné, est retenu dans sa position par une force parallèle au plan; trouver les conditions d'équilibre.*

La pesanteur agissant verticalement sur le centre de gravité, peut être décomposée en deux forces, l'une perpendiculaire au plan, et l'autre parallèle. La perpendiculaire au plan et la direction verticale de la pesanteur, déterminent un plan perpendiculaire au plan donné et au plan de niveau ou horizontal. C'est dans ce plan que doit être la force qui retient lecorps en équilibre sur le plan donné, puisque trois forces en équilibre sont dans un même plan. Si donc nous coupons le plan donné par un plan vertical ABC, déterminé par la verticale qui passe par le centre de gravité et par la perpendiculaire au plan donné, la force P étant représentée par GD, la composante perpendiculaire au plan donné sera GR, et la composante parallèle au plan sera GQ′. La résistance du plan détruira la première, et l'autre devra être égale et directement opposée à la force Q, qui tient le corps en équilibre ; nous aurons donc cette proportion : Q : P :: GQ′ : GD.

Mais si nous abaissons d'un point quelconque de la ligne BC, une perpendiculaire sur le plan horizontal représenté par l'intersection AB, nous aurons un triangle ABC, semblable au triangle Q′GD, comme ayant tous les angles égaux ; ils donnent GQ′ : GD :: CA : CB. CA est nommée la hauteur du plan incliné, CB la longueur, et AB la base. Des deux proportions précédentes, qui ont un rapport commun, nous conclurons :

$$Q : P :: CA : CB$$

où que : *la puissance est au poids du corps comme la hauteur du plan incliné est à sa longueur.*

Pour avoir la pression que supporte le plan, il faut faire cette proportion :

$$R : P :: GR : GD \text{ ou } R : P :: AB : CB,$$

qui donne : *la charge du plan est au poids du corps comme la base du plan est à sa longueur.*

101. Le principe de la décomposition des forces nous a donné la condition d'équilibre sur le plan incliné, et puisque ce principe est déduit du levier, on peut dire que le plan incliné revient au levier ; mais nous y trouvons directement un levier, si nous considérons la pesanteur comme tirant le point G de haut en bas, et la force Q comme tirant le même point dans le sens GE (fig. 55). La résultante de ces deux forces qui concourent est perpendiculaire au plan, et parce que la résultante est détruite par la résistance du plan, les deux composantes (n° 25) peuvent être considérées comme appliquées à un levier, dont le point d'appui est l'un quelconque des points de la résultante. Nous voilà ramenés directement au levier, et si nous prenons pour point fixe le point R, et que nous abaissions la perpendiculaire RI sur la direction de la force P, les forces Q et P seront entre elles en raison inverse des bras de levier ; nous aurions Q : P :: RI : RG ; et parce que RI : RG :: CA : CB, à cause des triangles semblables RIG et CAB, nous aurions aussi, comme plus haut, Q : P :: CA : CB.

102. *Trouver la condition d'équilibre, lorsque la force Q, ou la puissance, est horizontale ou parallèle à la base du plan.*

Je décompose le poids P du corps (fig. 56) en deux forces, dont l'une, GR, perpendiculaire au plan, est détruite par la résistance de ce plan, et dont l'autre, GE, est égale et opposée à la force Q horizontale, qui retient le corps en équilibre. En construisant le parallélogramme des forces GRDE, j'ai Q : P :: GE : GD. Mais à cause des triangles semblables GED et BAC, il vient GE : GD :: CA : AB. De ces deux proportions, qui ont un rapport commun GE : GD, je déduis celle-ci :

$$Q : P :: CA : AB$$

ou *la puissance est au poids du corps comme la hauteur du plan est à sa base.*

La force Q, le poids du corps et la résistance du plan se font équilibre; les directions de ces forces étant données, la grandeur de l'une détermine les deux autres (n° 26). C'est une autre manière de trouver la condition d'équilibre.

La pression est ici plus grande que le poids du corps, parce que la force Q agit en partie contre le plan. Cette proportion : *La pression est au poids du corps, comme la longueur du plan incliné est à la base, donne la pression que supporte le plan.*

DE LA VIS.

103. La *vis* est un cylindre droit, enveloppé d'un solide en relief, dont l'inclinaison des faces est partout la même par rapport à l'axe. Souvent la coupe de ce solide, par un plan passant par l'axe du cylindre est un triangle; quelquefois c'est un carré ou un rectang'e.

L'*écrou* est un solide traversé par la vis, et sillonné intérieurement comme la vis l'est à l'extérieur.

Que la vis soit fixe et l'écrou mobile, ou la vis mobile et l'écrou fixe, les choses se passent de même. Ce sont des pressions parallèles à l'axe du cylindre, qui s'exercent sur des points situés sur des plans inclinés ou sur des lignes également inclinées dans toute leur étendue; elles se nomment *hélices.*

L'intervalle d'un filet à l'autre s'appelle la *hauteur* du pas de la vis, ou simplement le *pas* de la vis.

104. Pour concevoir une hélice, il faut se figurer un cylindre enveloppé d'une circonférence, ou plutôt d'un anneau bien ajusté. Si l'on fait tourner l'anneau autour de son centre immobile placé sur l'axe, un point de l'anneau décrira une circonférence; mais si, pendant que l'anneau tourne uniformément, son centre se meut aussi uniformément sur l'axe, alors le point de l'anneau, qui décrivait une circonférence, décrira une hélice, puisqu'il aura parcouru, dans un sens parallèle à l'axe, des parties égales à celles qu'aura parcourues le centre; c'est à-dire que si, pour un tour de l'anneau, le centre du cercle s'était avancé de 1 centimètre, après 1/4, 1/2, 3/4, 4/4. 5/4, 6/4, etc., de tour, le point décrivant se serait aussi avancé de 1/4, 1/2, etc., de 1 centimètre, et aurait tracé une partie de l'hélice.

105. Cette génération de l'hélice donne le moyen de la tracer sur un cylindre; car si l'on tirait sur la surface du cylindre des

droites parallèles à l'axe, par exemple, 8 droites également distantes et numérotées 0, 1, 2, 3, 4, 5, 6, 7, il est clair que si, à partir d'une circonférence tracée sur la surface du cylindre, on prenait sur ces droites 0, 1/8, 2/8, 3/8, 4/8, 5/8, 6/8, 7/8 du pas de la vis, on aurait des points appartenant à l'hélice. Pour tracer ensuite l'hélice, il faut tirer une ligne droite sur le côté d'un carton assez mince, et le couper nettement suivant cette droite ; on plie le carton sur le cylindre en l'appliquant sur la surface, de telle sorte que la tranche du côté, coupé en ligne droite, passe par trois ou un plus grand nombre de points marqués ; alors on suivra la tranche avec un crayon ou une pointe à tracer, et l'on aura une partie de l'hélice. Cette opération, répétée plusieurs fois, donnera l'hélice entière et très-exactement tracée.

On aurait encore une hélice tracée sur un cylindre, si on développait la surface de ce cylindre ; elle formerait un rectangle, dont la hauteur égalerait celle du cylindre, et la base, celle du contour de la circonférence du cercle, marquant sur les côtés, comme on le voit (figure 57), la hauteur du pas de la vis, et tirant des obliques, on aurait le développement de l'hélice.

L'hélice développée sur le rectangle CDEF (fig. 57) serait reproduite sur le cylindre, si on roulait le cylindre sur le rectangle CDEF.

Cette espèce de génération de l'hélice donne le moyen de trouver plus commodément les conditions d'équilibre dans la vis, machine qui participe du plan incliné et du levier, ou plutôt qui revient à deux leviers.

106. *Trouver les conditions d'équilibre dans la vis.*

Considérons le point N d'une hélice, sur lequel se trouve un point matériel pressant l'hélice parallèlement à l'axe OG du cylindre, sur lequel l'hélice est tracée. Supposons que l'axe soit vertical : le point matériel est par le fait comme s'il était placé sur la ligne inclinée *mn*, ou sur un plan incliné, dont la base serait le contour du cylindre, et la hauteur, celle du pas de vis ; et si nous supposons que la force qui agit sur ce point, pour le tenir en équilibre, soit parallèle à la base, elle sera au poids du point matériel comme la hauteur du plan est à la base (n° 102), ou comme la hauteur du pas de la vis est à la circonférence du cylindre ; de sorte que, si l'on nomme cette force Q, le poids du point matériel p, la hauteur du pas de la vis h, et le rayon de cylindre r, on aura cette proportion : $Q : p :: h : 3{,}142 \times 2r$.

Si, maintenant, nous voulons remplacer la force Q par une autre, et retenir le point pesant au moyen d'une barre R*a*, perpendiculaire à l'axe, et s'appuyant sur cet axe, comme un levier sur son point d'appui, la puissance P, agissant dans un sens horizontal à l'extrémité de la barre, et perpendiculairement à la direction de ce levier, on aura : $P : Q :: r :$ à la longueur de la barre R*a*.

Multipliant ces deux proportions par ordre, pour faire disparaître la force Q, on aura :

$$P \times Q : p \times Q :: r \times h : Ra \times 3{,}142 \times 2 \times r.$$

Supprimant, dans les deux premiers termes, le facteur commun Q, et, dans les deux derniers, le facteur r, on trouvera :

$$P : p :: h : Ra \times 2 \times 3,142,$$

ou la puissance est à la résistance comme le pas de la vis est à la circonférence que tend à décrire la puissance; car $Ra \times 2 \times 3,142$ est la circonférence du cercle qui a pour rayon Ra, ou la circonférence du cercle que tend à décrire la puissance.

(Pour bien concevoir la position des forces et les proportions, on enveloppe un cylindre d'un fil qui représente l'hélice, et l'on fera voir réellement comment les forces doivent être placées; alors les proportions deviennent claires, et le cas de l'équilibre d'un point placé sur une hélice ne présente aucune difficulté, surtout si, ayant percé le cylindre d'un petit trou perpendiculaire à l'axe et passant par l'axe, on fait passer une hélice sur le diamètre de cette ouverture. La barre ou le levier trouve sa place, et l'on aperçoit très-bien comment ce levier vient avec un immense avantage remplacer la force Q.)

Remarquez que dans cette proportion il entre seulement, outre les forces, le pas de la vis et la distance de la puissance à l'axe du cylindre. Ces deux quantités sont données ainsi que la puissance; on peut donc, connaissant la puissance, trouver la pression, ou la puissance, connaissant la pression. La distance de la puissance à l'axe disparaît; parce qu'à mesure que l'hélice s'éloigne de l'axe, le plan incliné sur lequel on place le point matériel a plus de base sans avoir plus de hauteur, et qu'alors la puissance Q, restant la même, a plus d'énergie pour retenir le point matériel sur l'hélice.

Remarquez encore que la puissance a d'autant plus d'avantage sur la pression, que la hauteur du pas de la vis est plus petite, ou encore que la puissance est plus éloignée de l'axe.

Cette proportion ne changerait pas si l'hélice était plus éloignée de l'axe, pourvu que la hauteur du pas de la vis restât la même.

Passons actuellement à la vis. Si nous supposons que la pression de l'écrou mobile, soit décomposée en autant de parties qu'il y a de points sur lesquels s'exerce la pression; et que la puissance soit aussi décomposée en parties faisant équilibre respectivement aux pressions partielles, il est clair que la proportion serait la même pour chaque point comprimant, et qu'elle aurait lieu pour tous ensemble; puisque les hélices ayant même pas, et la puissance restant toujours à égale distance de l'axe, le second rapport serait commun à toutes les proportions; et comme la somme des puissances partielles (somme des premiers antécédents) égale à P, serait à la somme des pressions partielles (somme des premiers conséquents) égale à $p :: h : 3,142 \times 2 \times Ra$, on a pour la vis la même proportion que pour un point quelconque placé sur une hélice.

107. La vis, appliquée au mouvement d'une roue par l'engrenage des filets dans les dents de la roue, prend le nom de *vis sans fin*. Son action sur la roue est facile à déterminer. En effet, nommons P (fig. 58) la puissance qui agit sur la manivelle de la

vis, R' le rayon de la circonférence que tend à décrire la puissance, h la hauteur du pas, S l'effort qu'exerce la vis, nous aurons P : S :: h : 3,142 × 2 × R'. Si nous appelons R le rayon moyen de la roue, et r le rayon du cylindre sur lequel s'enroule la corde qui tient un poids Q, nous aurons cette autre proportion S : Q :: r : R. Multipliant par ordre les deux proportions, nous trouvons :

$$P \times S : Q \times S :: h \times r : 3{,}142 \times 2 \times R' \times R$$

ou
$$P : Q :: h \times r : 3{,}142 \times 2 \times R' \times R.$$

Plus h et r seront petits, plus la puissance aura d'avantage sur la résistance Q.

108. *Étant donnée une vis, trouver avec exactitude la hauteur du pas.*

Mesurez avec soin la hauteur d'autant de pas que vous pourrez en prendre sur la vis; ensuite divisez cette hauteur par le nombre des filets, le quotient donnera avec précision la hauteur du pas de la vis. Par exemple, j'ai mesuré la hauteur de 25 filets, j'ai trouvé 36^{mm},50, je divise cette mesure par 25, j'ai au quotient 1^{mm},46 pour la hauteur du pas.

On peut, au moyen d'une vis, mesurer les plus petites lignes ou épaisseurs; car le pas de la vis étant connu, il faut qu'elle fasse un tour entier pour avancer d'un pas; si elle ne fait que 1/2, 1/4, etc., de tour, elle n'avancera que de la moitié, du quart, etc., de la hauteur du pas. Au moyen d'un cadran bien divisé et d'une aiguille qui indique les tours et les portions de tour, on peut être certain de la quantité dont la vis s'est avancée. C'est au moyen des vis de rappel qu'on divise les lignes droites en parties égales.

DU COIN.

109. Le *coin* est un prisme triangulaire qu'on introduit dans une fente, pour écarter ou séparer les deux parties du corps. On appelle *tête du coin* la face sur laquelle on frappe ; *tranchant*, l'arête par laquelle le coin commence à pénétrer dans la fente, et *côtés du coin*, les faces qui forment le tranchant.

La force appliquée sur la tête du coin par le choc d'un marteau ou par tout autre moyen, doit être perpendiculaire à la tête du coin. Si cette force n'avait pas cette direction, elle se décomposerait en deux, l'une agissant perpendiculairement à la tête du coin pour l'enfoncer, et l'autre serait parallèle et ferait glisser le marteau, ou pousserait le coin, et tendrait à le renverser ou à changer sa direction.

Les efforts du coin sur le corps qu'il tend à diviser, s'exercent aussi perpendiculairement aux côtés du coin, puisque nous avons vu que la résistance d'un plan s'exerce perpendiculairement au plan.

110. Après ces observations, supposons que le triangle ABC (fig. 59) soit la coupe du coin, faite par un plan parallèle aux bases du prisme triangulaire; que la force P, appliquée sur la tête du coin, exerce son action suivant PF, perpendiculaire à AB. Du point F, pris sur la direction de la force, abaissons deux perpendiculaires FB et FE, sur les côtés qu'elles rencontrent aux points I et K. Si FG représente la puissance, et que le parallélogramme FDGE soit construit, FD et FE représentent les forces qui tendent à séparer le corps, les trois côtés du triangle FDG représentent les forces P, R et S. Mais comme ce triangle est semblable au triangle ABC, puisque ses côtés sont perpendiculaires aux côtés de l'autre, il s'ensuit que l'on a P : R : S :: AB : AC : BC, et par suite :

$$P : R + S :: AB : AC + BC.$$

Donc *la puissance est à la résistance comme la tête du coin est à la somme des deux côtés.* La tête étant représentée par AB et les côtés par AC et BC.

111. La théorie du coin, dans ses applications à fendre le bois, laisse beaucoup à désirer pour qu'on assure d'avance les résultats de l'action de la force. Les corps que l'on fend opposent des résistances inégales ; les adhérences diffèrent, les fibres sont plus ou moins flexibles, plus ou moins compressibles, plus ou moins entrelacées. De là, résulte nécessairement que la même force n'enfoncera pas le coin également dans deux matières différentes, ni de même nature ; quoi qu'il en soit, cette machine sert beaucoup, quand on cherche à presser des corps ou à tendre des cordes ; dans ces cas, le coin exerce son action parallèlement à la tête, il faut chercher la condition d'équilibre dans cette circonstance.

Soit (fig. 60) ABC le coin déjà décrit ; il exerce au point I une pression S (donnée par cette proportion P : S :: AB : BC) perpendiculairement au côté BC. Décomposons S en deux autres forces p et q agissant, p parallèlement à la tête du coin, et q dans une direction perpendiculaire à AB. Celle-ci n'a aucune influence sur l'autre, puisqu'elle lui est perpendiculaire. Prenons Ib pour représenter la pression S, et construisons le parallélogramme Iabc, nous aurons le triangle Iab, semblable au triangle GBC, puisque les côtés du premier sont perpendiculaires aux côtés du second. Par suite de la construction S : p :: Ib : Ia :: BC : GC ; mais nous avons aussi P : S :: AB : BC. Multipliant ces deux proportions par ordre, et supprimant le facteur S, commun aux deux premiers termes, et le facteur BC, commun aux deux derniers, il vient :

$$P : p :: AB : GC.$$

La pression exercée en K par la force P, est égale à celle qui s'exerce en I, donc nous avons aussi :

$$P : p' :: AB : GC$$

et $P : p : p' :: AB : GC : GC$ ou $P : p + p' :: AB : 2 \times GC.$

Ce qui nous apprend que, dans le cas dont il s'agit, *la puissance est à la pression totale comme la tête du coin est au double de la hauteur.*

On voit, par les rapports établis, que plus le tranchant sera aigu, plus la puissance aura de force. Il est inutile d'observer que le coin sur lequel a porté le raisonnement était isocèle.

DES OBSTACLES QUI S'OPPOSENT AU MOUVEMENT.

112. Quatre sortes d'obstacles s'opposent au mouvement :

1º L'*adhérence* des corps : c'est cette force d'attraction que les corps en contact exercent les uns sur les autres ;

2º Le *frottement* : cette résistance qu'on éprouve lorsqu'on fait glisser des corps l'un sur l'autre ;

3º La *raideur* des cordes ou des chaînes, qui provient de la difficulté qu'on a à les plier ;

4º La *résistance* des milieux ou la résistance qu'un corps éprouve à s'ouvrir un passage à travers le fluide dans lequel il se meut. On parlera de cette résistance en traitant des liquides.

DE L'ADHÉRENCE.

113. Les corps de nature même différente, mis en contact, ne peuvent être séparés sans l'emploi d'une force plus ou moins grande, suivant la nature des substances dont sont composés les corps ; l'expérience a établi ce fait. Mais la grandeur de cette force est difficile à évaluer, elle n'est pas la même pour tous les corps ; dans tous les cas, elle est proportionnelle à la surface.

Ne confondez pas l'adhérence ou l'*adhésion* avec la *cohérence* ou la *cohésion*. La première désigne la force qu'il faut employer pour séparer des corps de différente nature mis en contact ; la seconde désigne la force attractive que les molécules d'une substance exercent sur des molécules de la même substance.

CAUSE PHYSIQUE DU FROTTEMENT.

114. Quelque polies que paraissent les surfaces des corps, elles sont couvertes d'un grand nombre d'aspérités, ou, pour parler plus clairement, d'éminences et de cavités ; on les observe très-bien au moyen d'un microscope. Lorsqu'on place deux corps l'un sur l'autre, les éminences qui se trouvent sur une surface pénètrent dans les cavités de l'autre, et réciproquement, il se fait une espèce d'engrenage qui empêche les corps de glisser ; car, pour qu'ils glissent, il faut que les aspérités se dégagent, qu'une partie du corps se soulève, au moyen du plan incliné sur lequel elle doit glisser et exécuter son mouvement, ou bien que les aspérités se brisent, ce qui exige dans les deux cas une certaine force pour produire cet effet. Ainsi, l'on peut affirmer que la puissance ne transmet jamais toute son action à la résistance, et qu'il y a une perte de force d'autant plus grande que les machines sont moins bien exécutées, et qu'il y a plus de frottements. C'est à l'expérience qu'il faut recourir pour trouver les règles générales du frottement que la nature des corps fait varier. On en a déduit :

1º Que le frottement est indépendant de la vitesse du mobile ;

2º Qu'il ne dépend pas de l'étendue de la surface frottante ; que cette surface soit grande ou petite, le frottement reste le même ; il faut excepter le cas où le corps frottant serait terminé par une pointe ;

3° Que la force du frottement est proportionnelle à la pression totale exercée sur la surface frottante ; c'est-à-dire que le frottement est double, si la pression est double ; triple, si la pression est triple, etc., les corps et les surfaces frottantes restant les mêmes.

On appelle frottement de la *première espèce*, celui des corps qui glissent l'un sur l'autre, et frottement de la *seconde espèce*, celui des corps qui roulent.

115. Pour les expériences, on a disposé horizontalement la surface d'un corps, et l'on a placé un corps sur le premier, puis on a incliné la surface inférieure jusqu'à ce que le glissement eût lieu, et l'angle plus ou moins grand de l'inclinaison a été considéré comme un moyen de mesurer la force du frottement. Cet angle est nommé *angle du frottement*. On a aussi, au moyen d'un traîneau, fait tirer un corps placé sur un autre, par un poids suspendu à une corde passant sur une poulie fixe et tirant horizontalement le corps.

Toutes les expériences faites par des hommes d'une grande habileté, se sont accordées sur les trois lois générales que nous avons données (n° 114). Il a été aussi reconnu que le frottement était plus considérable lorsque les corps étaient restés un certain temps en contact. Ce temps n'est pas le même pour tous les corps et pour toutes les substances. Le *maximum* de la force qu'il faut employer pour mettre le corps en mouvement, n'a pas un rapport constant avec la force du frottement lorsque le mouvement est acquis.

116. Nous dirons que les surfaces des corps qui glissent à sec l'un sur l'autre s'altèrent promptement ; et que, dans ce cas, le frottement est d'autant plus considérable que les surfaces s'altèrent davantage ; qu'on diminue le frottement par des enduits ; que le suif neuf est préférable lorsque le bois glisse sur du bois ou du bois sur des métaux ; que, lorsque des métaux frottent l'un sur l'autre, il faut employer le vieux oing ou l'huile ; que le frottement est moindre sur les métaux grenus, la fonte, le cuivre, le zinc, l'étain fondus.

Que la force du frottement des surfaces bien préparées est comprise entre 7 et 8 pour cent, c'est-à-dire que si la pression était 200^{kg}, par exemple, la force du frottement serait comprise entre 14 et 16^{kg} ; que, si la pression était un nombre quelconque, il faudrait faire cette règle de trois : *Si 100 donne 8, combien donnerait le poids du corps glissant ?* Le quatrième terme serait l'expression de la force au *maximum* du frottement ; que, si on employait du suif pour des métaux, la force approcherait de 10 pour cent.

Voilà ce qui regarde le frottement de la première espèce. On trouve, dans un traité de mécanique industrielle, par M. Stéphane Flachat, et dans d'autres ouvrages, le résultat des expériences faites par les auteurs les plus habiles.

117. Le frottement de la deuxième espèce est très-petit. Lorsqu'un corps roule sur une surface ferme et unie, le frottement est peu sensible; sur une terre mouvante, sur du sable ou du cailloutis, il devient fort grand, et il est difficile à évaluer à cause de la variété de la résistance. Les voitures sur deux ou quatre roues ont, dans leurs mouvements, les frottements des deux espèces : celui de la roue sur le terrain et celui de l'essieu; car l'essieu, ou les essieux, glissent dans les boîtes, et les roues tournent sur le pavé ou sur le sol. Plus les roues sont hautes, moins la pression exerce d'action pour le frottement de la deuxième espèce. Des expériences ont conduit à cette règle pratique : Divisez la pression (le poids) par le rayon de la roue, et multipliez le quotient par 0,0634, si la roue roule sur du sable ou du cailloutis; par 0,0414, si la roue roule sur un empierrement; par 0,0236, si la roue roule sur un pavé en bon état; par 0,0186, sur la terre ferme et unie. Sur les chemins de fer, le frottement de la roue est peu de chose.

Une voiture à deux roues roulant sur un pavé en bon état, pèse 5600^{kg}. *Le rayon d'une roue est* 0^m,81; *quelle sera la force du frottement de la roue?*

$$\frac{5600}{0,81} = \frac{560000}{81} = 6913,58 \; ; \; 6913,58 \times 0,0236, = 163^{kg},16$$

S'il y a deux roues, chacune éprouvera un frottement de 81^{kg},53; s'il y en a quatre, chacune éprouvera un frottement d'un quart, 40^{kg},76.

Si les roues de devant avaient un plus petit rayon, lors même que la charge serait également répartie sur les quatre roues, les plus petites roues éprouveraient, par le frottement, une plus grande résistance; il faudrait un calcul à part, dans lequel on tiendrait compte du rayon de la roue, et l'on ne prendrait que la moitié de la pression pour les deux roues de devant. Il y aurait, avant tout, à voir si le centre de gravité se trouve au milieu de la distance des deux essieux.

RAIDEUR DES CORDES.

118. Avant de faire connaître la raideur des cordages, ou la résistance qu'ils opposent, lorsqu'on les a tendus et qu'on veut les plier, il serait peut-être nécessaire de parler de leur fabrication, qui influe sur la force qu'ils absorbent en transmettant l'action de la puissance. Cependant, nous nous contenterons de quelques mots, et nous dirons que les cordes sont en général composées de fils de chanvre nommés *fils de caret*, de même grosseur et également tordus; que le diamètre de ces fils varie de 1 à 4 millimètres; qu'on tord ensemble plusieurs de ces fils (de 2 à 60) pour faire des *torons* ou *tourons* d'égale grosseur, dont on fait ensuite une corde, en y employant ou 2, ou 3, ou 4 tourons; qu'à nombre égal de fils, plus on fait de tourons pour les corder ou commettre ensemble, plus la corde est forte; qu'en ourdissant une corde, on donne aux fils la longueur de la corde,

plus la moitié de cette longueur ; c'est-à-dire que , si l'on veut
une corde de 10 mètres de longueur , les fils doivent avoir
15 mètres, afin que la torsion des tourons et celle de la corde diminuent la longueur d'un tiers ; que les cordages nommés *brayés*,
dont on se sert pour lier les pierres, sont beaucoup moins
tordus ; que l'on ne peut pas généralement charger une corde de
plus de 40^{kg} par fil de caret ; que les cordes mouillées perdent
environ un tiers de leur force ; que les cordes goudronnées n'ont
guère que les deux tiers de la force des cordes blanches et sèches de même diamètre.

On nomme corde blanche, celle qui a été faite avec de la
filasse de chanvre roui et qui n'a pas été goudronnée.

119. L'expérience a démontré que la raideur des cordes blanches et sèches se compose de deux parties : 1° de leur raideur
naturelle ; 2° de celle qui résulte de leur charge ;

Que la vitesse avec laquelle on plie une corde sur un même
cylindre n'altère pas sa raideur ;

(1) Que la raideur des cordes pliées sur un même cylindre
croissait comme le carré de leur diamètre ;

(2) Que la raideur d'une même corde, pliée sur des cylindres de différents diamètres, croissait en raison inverse des
diamètres ;

(3) Que les cordes blanches, neuves ou demi-usées, sui-
vaient les lois précédentes, mais que la raideur des cordes
plus que demi-usées était moindre quand on les pliait sur un
même cylindre.

120. Dans les résultats d'expériences faites jusqu'ici, nous
voyons que; si nous connaissions (2) la raideur d'une corde
pliée sur un cylindre d'un diamètre donné, nous calculerions
aisément celle d'une autre corde aussi pliée sur le même cylindre ; qu'ensuite nous pourrions trouver (3) la raideur de la
même corde, pliée sur un cylindre de diamètre différent. L'expérience a donné les nombres suivants pour des cordes pliées sur
un cylindre de 1 mètre de diamètre.

DIAMÈTRES des cordes en centimètres.	CORDES BLANCHES, SÈCHES ET NEUVES.		CORDES BLANCHES, SÈCHES ET DEMI USÉES.	
	Raideur naturelle par kilogr.	Raideur par kilog. de charge.	Raideur naturelle en kilogr.	Raideur par kilog. de charge.
	Kg.	Kg.	Kg.	Kg.
1	0,055615	0,0024346	0,055615	0,0024346
2	0,222460	0,0097382	0,157279	0,0068850
4	0,889840	0,0389528	0,444785	0,0194708
8	3,559360	0,1558112	1,257852	0,0550634

Au moyen de ces nombres, calculons la raideur d'une corde blanche, sèche et neuve, qui aurait 2 centimètres de diamètre et 400ᵏᵍ de charge, pliée sur un cylindre de 30 centimètres de diamètre.

Dans le tableau qui précède, nous trouvons que la raideur naturelle de la corde est........................ 0ᵏᵍ,222460

Que la raideur pour 1 kilogramme de charge est 0ᵏᵍ,0097382; pour 400 nous aurons.............. 3 ,89528

Quand elle est pliée sur un cylindre de 1 mètre de diamètre.............................. 4ᵏᵍ,11774

Pour avoir la raideur de la même corde, pliée sur un cylindre de 30 centimètres de diamètre, nous avons (2) cette proportion : 0ᵐ,3 : 1ᵐ :: 4ᵏᵍ,117740 : x = 13ᵏᵍ,7258 pour la raideur cherchée.

Trouver la raideur d'une corde de 3ᶜᵐ,2 *de diamètre, chargée de* 1296ᵏᵍ, *quand on la plie sur un cylindre qui a* 0ᵐ,3 *de diamètre.*

Je cherche d'abord la raideur de la corde de deux centimètres de diamètre pliée sur un cylindre de un mètre de diamètre. Le tableau précédent donne, pour la raideur naturelle de cette corde........................... 0ᵏᵍ,222460

Pour 1 kilogramme de charge, il donne 0ᵏᵍ,0097382.

Je multiplie ce nombre par 1296, et j'ai, en négligeant les dernières décimales................. 12 ,620707

TOTAL.......... 12ᵏᵍ,843167

Ce total est la raideur de la corde qui a deux centimètres de diamètre, pliée sur le cylindre d'un mètre de diamètre. Si je veux connaître la raideur de la corde proposée pliée sur le même cylindre, il faut chercher (1) le quatrième terme de cette proportion : (2)² : (3,2)² :: 12ᵏᵍ,843167 : x = 12,843167 × (3,2)² : (2)².

Au lieu de multiplier et de diviser par deux carrés, ce qui n'est pas difficile, il vaut mieux cependant diviser 3,2 par 2, et le quotient 1,6, élevé au carré, donne 2,56, nombre par lequel je multiplie 12ᵏᵍ,843167, et je trouve 32ᵏᵍ,8785 pour la raideur de la corde proposée, pliée sur le cylindre d'un mètre de diamètre. La raideur demandée sur le cylindre de trois décimètres de diamètre, sera le quatrième terme de cette proportion : 0ᵐ,3 : 1ᵐ :: 32ᵏᵍ,8785 : x = 109ᵏᵍ,595.

Pour les cordes blanches et neuves imbibées d'eau, l'expérience a prouvé

(4) Que la raideur naturelle était double de celle des cordes neuves et sèches, et que la raideur résultant de la charge ne changeait pas.

Si l'on veut opérer pour des cordes mouillées, il faudra doubler les nombres de la première colonne du tableau et calculer ensuite comme pour les cordes blanches, sèches et neuves.

121. Pour les cordes à demi usées, sèches ou mouillées, l'expérience a prouvé :

(5) Que la raideur de ces cordes croissait comme la racine carrée du cube de leur diamètre, lorsqu'on les pliait sur un même cylindre.

Trouver la raideur d'une corde à demi usée, si elle a 2 centimètres de diamètre, si elle porte 400ᵏᵍ, et qu'elle soit pliée sur un cylindre de 0ᵐ,3 de diamètre.

Je procède comme plus haut, en prenant les nombres dans les colonnes qui conviennent aux cordes à demi usées.

Raideur naturelle................................ 0ᵏᵍ,157279
Raideur pour 1ᵏᵍ de charge, 0ᵏᵍ,006885.
Et pour 400ᵏᵍ.................................... 2 ,754000

Raideur de la corde pliée sur un cylindre de 1 mètre de diamètre.............................. 2ᵏᵍ,911279

Sur un cylindre de 0ᵐ,3 de diamètre, la raideur sera donnée par le quatrième terme de cette proportion :

$$0^m,3 : 1^m :: 2^k,911279 : x = 9^k,704263.$$

Trouver la raideur d'une corde blanche et à demi usée de 0ᵐ,032 de diamètre, chargée de 1296ᵏᵍ quand on la plie sur un cylindre de 0ᵐ,3 de diamètre.

Le tableau précédent donne :
Raideur naturelle pour le diamètre 0ᵐ,02 (immédiatement plus petit que celui de la corde proposée)......... 0ᵏᵍ,157279
La raideur pour 1ᵏᵍ de charge est 0,006885.
Et pour 1296ᵏᵍ.................................. 8 ,922960
                                                 9 ,080239

Pour avoir la raideur de la corde proposée, pliée sur ce même cylindre, il faut (5) que je cherche le quatrième terme de cette proportion :

$$\sqrt{(2)^3} : \sqrt{(3,2)^3} :: 9,080239 : x.$$

Au lieu de tirer la racine carrée du cube de 2 et du cube de 3,2, il vaut mieux diviser 3,2 par 2, et élever le quotient 1,6 au cube, ce qui donne 4,096; de tirer la racine carrée de 4,096, qui sera 2,01, et de multiplier ensuite par ce dernier nombre le troisième terme; il viendra 18ᵏᵍ,2513 pour la raideur lorsque la corde est pliée sur un cylindre de 1ᵐ de diamètre.

La proportion 0ᵐ,3 : 1ᵐ :: 18ᵏᵍ,2513 : x = 60ᵏᵍ,8376 donne la raideur cherchée.

Si les cordes blanches à demi usées étaient imbibées d'eau, il faudrait procéder comme on vient de le voir, en doublant seulement les nombres de la raideur naturelle et faire le même calcul.

122. Supposons maintenant que la corde soit goudronnée. L'expérience a démontré :

(6) Que la raideur des cordes goudronnées, pliées sur un même cylindre, était proportionnelle au nombre des fils de caret

dont ces cordes étaient composées, ce qui suppose encore que les fils sont de même grosseur.

Nombre des fi's de caret.	Poids de la longueur de 1ᵐ de corde.	Raideur naturelle.	Raideur pour 1ᴷg de charge.
6	0ᴷˢ,0693	0ᴷˢ,0212	0ᴷˢ,0025968
15	0 ,1632	0 ,1059	0 ,0060592
30	0 ,3326	0 ,3496	0 ,0125314

(7) Que, pour les ficelles, la raideur était proportionnelle au diamètre.

Ce qui précède, donne le moyen de calculer la raideur d'une corde blanche ou à demi usée, sèche et humide, des cordes goudronnées et des ficelles.

123. Il nous reste à chercher quels sont les frottements d'un cordage qui s'entortille sur le cylindre d'un tour, d'un cabestan, etc. M. Rondelet, dans son ouvrage sur la manière de bâtir, tome 4, page 30, a donné un moyen bien simple de déterminer le frottement sur un cylindre. Il consiste à suspendre aux deux extrémités d'une corde semblable à celle dont on veut faire usage, passée sur un cylindre de même matière et de même diamètre, deux poids égaux, et à augmenter un des poids jusqu'à ce qu'il commence à soulever l'autre. Ce qu'on aura ajouté sera l'expression du frottement pour un demi-tour.

Connaissant le poids qui commence à élever le premier, on le divisera par le double du premier, le quotient sera le nombre par lequel il faudra multiplier successivement le dernier résultat pour avoir celui qu'exigerait un demi-tour de plus.

Le frottement est si grand, qu'il permet à un homme, après quelques tours, de faire courir un cable et de dérouler successivement le cordage que plusieurs hommes enroulent en agissant sur les barres d'un cabestan et en trainant un poids considérable. M. Rondelet dit : « Ces expériences ont été faites avec un cylindre de bois de frêne fait au tour, de 50 lignes 1/2 de diamètre et une corde de deux lignes de grosseur. A un des bouts de cette corde, qui formait un demi-tour sur le cylindre, j'ai suspendu un poids de 2 ℔, et à l'autre un bassin de balance qui pesait autant avec ce qui était dedans. Pour commencer à élever le poids de 2 ℔, il a fallu ajouter dans le bassin 4 livres 2 onces 4 gros et demi, ou 4 livres 16/100, en sorte que la valeur de l'effort était 6 livres 16/100. Divisant cet effort par 4, qui est le double du poids, j'ai trouvé pour quotient 1,54, par lequel ayant multiplié les résultats de chaque demi-tour, j'ai trouvé, pour le second demi-tour, 9,49, pour le troisième, 14,61. »

Tableau qui fait connaître, par le calcul et l'expérience, le poids qu'il faut employer pour commencer à élever le poids de 2 livres.

Après les tours et les portions de tour.	Par le calcul.	Par l'expérience.
Pour 1/2 tour	6,16	6,16
Pour 1 tour	9,49	
Pour 1 tour 1/2	14,61	14,51
Pour 2 tours	22.50	
Pour 2 tours 1/2	34,65	34,69
Pour 3 tours	53,36	
Pour 3 tours 1/2	82,17	83

Viennent ensuite d'autres expériences.

On trouve, dans l'ouvrage de M. Rondelet, des tables précieuses que les praticiens pourront consulter.

DU MOUVEMENT DES CORPS.

124. Jusqu'ici, nous avons considéré les pressions et les forces qui tirent ou poussent des corps, comme étant destinées à produire l'équilibre, sans déplacer en aucune manière les corps sur lesquels elles agissent; mais il y a une infinité de cas où l'équilibre est rompu, où les forces transportent d'un lieu dans un autre les corps soumis à leur action, ou leur impriment un mouvement de *va et vient*. Il faut donc, avant d'examiner l'effet des machines, dire un mot du mouvement des corps.

DU MOUVEMENT EN LIGNE DROITE.

125. Un corps inanimé ne peut par lui-même changer son état; par conséquent il conservera le mouvement qu'il a reçu; il se mouvra en ligne droite toujours de la même manière, c'est-à-dire qu'il s'avancera uniformément, et il persévèrerait dans cet état, si aucune cause n'agissait sur lui.

Il conservera le mouvement qu'il a reçu; car si ce mouvement était plus ou moins rapide, le corps se donnerait à lui-même du mouvement dans le sens de celui qui lui a été imprimé, ou dans un sens opposé, ce qui serait contraire à l'expérience, puisqu'un corps ne se met jamais en mouvement, si une cause étrangère n'agit sur lui. Il suivra une ligne droite; car si l'on supposait qu'il déviera à droite, il y aurait même motif pour dire qu'il déviera à gauche, et comme il ne peut aller par deux chemins à la fois, il s'avancera suivant une ligne droite.

La propriété qu'a un corps de persévérer dans l'état où il se trouve, est ce qu'on entend par *inertie.*

126. Le mouvement est *uniforme,* quand le mobile décrit dans le même temps des espaces égaux.

On appelle *vitesse* l'espace parcouru dans une unité de temps. Si l'on prend la seconde pour l'unité de temps, et qu'un mobile parcoure 3ᵐ par seconde, sa vitesse sera 3ᵐ. Si on donnait l'es- -pace parcouru et le temps employé à le parcourir, il est clair qu'une partie de l'espace, partagé en autant de parties égales qu'il y a d'unités dans le temps, exprimerait la vitesse ; aussi dit-on, dans le sens que nous venons d'expliquer, que *la vitesse est égale à l'espace divisé par le temps*. Qu'un corps ait parcouru 12ᵐ en 4″, sa vitesse sera le quotient de 12ᵐ divisés par 4, c'est- à-dire 3ᵐ.

Connaissant la vitesse et le temps pendant lequel a duré le mouvement, trouver l'espace parcouru.

Multipliez la vitesse par le temps, vous aurez l'espace parcouru. Si la vitesse était 4ᵐ,8, et le temps 8″ 3/4, le produit de 4ᵐ,8 × 8 3/4 = 42ᵐ, sera l'espace parcouru.

Connaissant la vitesse et l'espace, trouver le temps.

Divisez l'espace parcouru par la vitesse, vous aurez le temps. Si la vitesse était 4ᵐ,8, et l'espace parcouru 42ᵐ, en divisant 42ᵐ par 4ᵐ,8, vous trouverez au quotient 8″,75 ou 8″3/4.

127. *Un mobile, se trouvant en A, reçoit une impulsion qui le met en mouvement sur la ligne droite AB ; après l'unité de temps, à l'instant où le corps se trouve en B, il reçoit une nouvelle im- pulsion égale à la première et suivant la même direction ; après la deuxième unité de temps, le mobile reçoit une nouvelle im- pulsion égale à la première, et suivant la même direction ; ainsi de suite pendant neuf unités de temps ; quelle sera la vitesse du corps, et quel sera l'espace parcouru après neuf unités de temps ?*

(On n'a pas fait de figure pour cette question à résoudre : la ligne droite est facile à décrire ou à concevoir décrite.)

Pendant la première unité de temps, le mobile a la vitesse AB. Au commencement de la deuxième unité de temps, il reçoit une impulsion égale à la première, et dans la direction de son mouvement. Cette impulsion lui imprime une vitesse égale à AB ; ainsi, pendant la deuxième unité de temps, le mobile aura une vitesse égale à deux fois AB. Au commencement de la troi- sième unité de temps, il reçoit une nouvelle impulsion dans le sens de la première et égale à la première ; alors sa vitesse sera augmentée de AB, et, pendant la troisième unité de temps, la vi- tesse du mobile sera égale à trois fois AB. En raisonnant ainsi de suite, on voit que pendant la neuvième unité de temps, le mobile aura une vitesse égale à neuf fois AB.

Pendant la première unité de temps, le mobile a parcouru AB ; pendant la deuxième unité de temps, il a une vitesse double, il parcourra donc un espace égal à deux fois AB ; pendant la troi- sième unité de temps, avec une vitesse triple, il parcourra trois fois AB ; ainsi de suite. Donc, pendant la neuvième unité de temps, il parcourra neuf fois AB. Tout l'espace parcouru sera donc AB + 2AB + 3AB + ... + 9AB : c'est une progression arithmé- tique. On en trouve la somme en ajoutant le premier terme au dernier, et en multipliant la moitié de cette somme par le nombre des termes. Le premier terme est AB, et le dernier 9AB ; la somme est 10AB, dont la moitié, 5AB, multipliée par 9, donne 45AB, pour l'espace parcouru par le mobile pendant 9 unités de temps.

Dans les cas de cette nature, on trouve l'espace parcouru en multipliant la vitesse moyenne par le temps pendant lequel a duré le mouvement. La vitesse moyenne est la moitié de la somme de la vitesse *initiale* (celle qu'avait le mobile au commencement du mouvement) et de la vitesse *finale* (celle qu'il avait à la fin du mouvement).

Résoudre plusieurs questions semblables.

Si l'unité de temps était une seconde, et la vitesse AB, comme dans la question précédente, et qu'on supposât que la force répète ses actions successives après 3/5 de seconde, quel serait l'espace parcouru, lorsqu'elle aurait agi neuf fois sur le mobile, et qu'il se serait écoulé neuf fois 3/5 de seconde?

En raisonnant comme précédemment, on voit que la vitesse, après les impulsions successives, serait AB, 2AB, 3AB .... et 9AB.

Entre la première et la deuxième impulsion, il s'est écoulé 3/5 de seconde, l'espace parcouru est donc AB $\times$ 3/5; entre la deuxième et la troisième impulsion, il s'est écoulé 3/5 de seconde, la vitesse étant 2AB, l'espace parcouru sera 2AB $\times$ 3/5 ; ainsi de suite. Donc la somme des espaces parcourus sera AB $\times$ 3/5 + 2AB $\times$ 3/5 + 3AB $\times$ 3/5 + ... + 9AB $\times$ 3/5 = (AB + 2AB + 3AB + ... + 9AB) $\times$ 3/5 = 45AB $\times$ 3/5 = 27AB.

Appliquons le procédé général à cet exemple. La vitesse initiale est AB, la vitesse finale 9AB. La somme de ces deux vitesses est 10AB, dont la moitié est 5AB. Le temps écoulé est 3/5 de 9″.

L'espace parcouru sera donc 5AB $\times$ les 3/5 de 9″ ou $5AB \times \dfrac{3 \times 9}{5}$

$$= \dfrac{AB \times 5 \times 3 \times 9}{5} = AB \times 3 \times 9 = AB \times 27 \text{ ou } 27AB.$$

128. La nature des forces nous est inconnue ; mais comme les forces ne nous intéressent que par leurs effets, c'est par leurs effets qu'il faut les mesurer ou les évaluer. Ainsi, quand deux forces, agissant sur la même masse ou sur des masses égales, impriment la même vitesse ou le même mouvement, on dit qu'elles sont égales. Quand une force, agissant sur un mobile, produira un effet double de celui qu'aura produit une autre force, agissant aussi sur le même mobile, on dit alors que la première est double de la seconde, etc. Les forces se mesurent généralement par le produit de la masse mise en mouvement, multipliée par la vitesse. Ce produit est nommé *quantité de mouvement*; mais, en s'exprimant ainsi, on sous-entend que ce produit indique combien de fois la force proposée contient de fois la force unité. En effet, mesurer une force, c'est la comparer à une force

prise pour unité. Pour mieux nous faire comprendre, considérons une force qui, agissant sur un point matériel ou corps pesant un kilogramme, lui imprimerait une vitesse d'un mètre par seconde, et prenons-la pour l'unité de force. Il est clair que si un corps pesait deux kilogrammes, il faudrait deux forces égales à la première pour imprimer au corps une vitesse d'un mètre par seconde, puisqu'il y a deux fois autant de matière à mouvoir. Si un corps pesait trois kilogrammes, il faudrait trois forces égales à la force unité pour imprimer à ce corps une vitesse d'un mètre par seconde, puisqu'il y aurait trois fois autant de matière à mouvoir. On raisonnerait de même, quel que fût le poids du corps à mouvoir. Donc la force qui imprime à un corps d'un poids donné, une vitesse d'un mètre par seconde, est égale à l'unité de force, multipliée par le poids du corps.

Si un corps avait une vitesse de deux mètres, de trois mètres, etc., par seconde, la force qui l'aurait mis en mouvement serait deux fois, trois fois, etc., plus grande que celle qui lui imprimerait la vitesse d'un mètre par seconde, puisque l'effet serait évidemment double, triple, etc. Comme la force qui imprime à un corps la vitesse d'un mètre par seconde est égale au produit de la force unité par le poids du corps, celle qui imprimerait au même mobile une vitesse de deux mètres par seconde, serait deux fois plus grande; celle qui imprimerait au même mobile une vitesse de trois mètres par seconde, serait trois fois plus grande; en général, autant de fois plus grande qu'il y a d'unités dans la vitesse; donc il faut multiplier d'abord la force unité par le poids du corps, et ensuite par sa vitesse, pour avoir la mesure de la force.

Le poids étant proportionnel à la masse, on substitue la masse au poids, et la force a pour mesure la force unité, multipliée par la masse et par la vitesse du corps. Ainsi, quand on dit que la force a pour mesure le produit de la masse par la vitesse, on représente par 1 l'unité de la force qui imprime à l'unité de masse une vitesse égale à l'unité de longueur dans l'unité de temps; et parce que ce facteur 1 peut-être supprimé sans altérer le produit, quant au nombre de ses unités, la mesure d'une force revient alors au produit de la masse par la vitesse.

129. L'effet de la force unité comprend la masse, la vitesse et la durée du mouvement d'un corps. Cet effet de la force unité a reçu, suivant quelques auteurs, le nom de *kilogramme-mètre* ou de *kilogrammètre*, expression incomplète dans sa composition, puisque l'idée du temps n'y entre pas. Néanmoins, cette expression de l'unité est employée dans la mécanique; mais elle n'est pas la seule, car on emploie, comme en arithmétique, des unités plus grandes. Quelquefois on prend pour unité de poids 1000^{kg}, la tonne ou le tonneau de mer; pour la force des pompes à feu, on prend pour unité le *cheval-vapeur*, et cette mesure est la force d'un cheval qui élèverait 75 kilogrammes à un mètre de hauteur par seconde; elle est 75 fois plus grande que l'unité adoptée, elle ne rentre point dans le système des mesures métriques, mais elle est admise.

Connaissant le poids d'un corps et sa vitesse, trouver l'expression de la force qui lui a imprimé le mouvement.

Multipliez le poids par la vitesse, vous aurez l'expression de la force.

Connaissant l'expression de la force et la vitesse, trouver le poids du corps.

Divisez l'expression de la force par la vitesse, vous trouverez le poids du corps, puisque la force est le produit du poids par la vitesse.

Connaissant la force et le poids, trouver la vitesse.

Divisez la force par le poids, le quotient sera la vitesse.

130. On distingue deux sortes de forces : les unes agissent sur les corps, par impulsion, par percussion, par choc, etc., et pendant un temps très-court qu'on ne peut mesurer. Après cette action, elles abandonnent le mobile à lui-même ; on les appelle *forces instantanées*. Les autres agissent constamment sur le mobile soumis à leur action, on les nomme *forces accélératrices* ou *retardatrices*, suivant qu'elles accélèrent ou retardent le mouvement. Nous allons parler de ces dernières, quand elles agissent sur les corps toujours de la même manière. La pesanteur, précédemment définie, nous en fournit un exemple.

Elle attire vers le centre de la terre les corps abandonnés à eux-mêmes, elle leur fait décrire une ligne droite, quand ils partent du repos. Cette ligne droite se trouve toujours sur la direction de cette force, celle du fil à plomb.

Quoique la pesanteur varie d'un lieu à un autre, et à différentes hauteurs au-dessus de la surface de la terre, on peut néanmoins, dans toutes les applications dont il sera question ici, la considérer comme invariable, et sans crainte d'erreur ; parce que les variations de cette force sont insensibles, quand on ne s'élève pas à une grande hauteur, ou qu'on ne s'éloigne pas du lieu où sont placées les machines.

MOUVEMENT ACCÉLÉRÉ.

131. La pesanteur, agissant constamment de la même manière, et avec la même intensité, sur les corps soumis à son action, engendre un mouvement d'une espèce particulière ; on le nomme mouvement *uniformément accéléré*, parce qu'en des temps égaux la vitesse s'accroît de quantités égales.

Dans le mouvement produit par des forces accélératrices ou retardatrices, la vitesse du mobile varie à chaque instant, de sorte que, pour la mesurer, lorsque le mobile se trouve à un point donné de l'espace, il faut supposer que la force cesse d'agir, et comme, dans cette supposition, le mouvement deviendrait uniforme, l'espace que le mobile parcourrait alors, pendant l'unité de temps, est sa vitesse.

132. *Dans le mouvement uniformément accéléré, les vitesses acquises, lorsque le mobile part du repos, sont comme les tempe écoulés.*

Pour trouver la vitesse acquise après quatre secondes, par exemple, il faut multiplier par quatre celle que le mobile acquiert pendant la première seconde ; après neuf secondes, il faudrait multiplier par neuf la vitesse acquise pendant la première seconde, etc.

Quelle que soit la vitesse acquise après la première unité de temps, le mobile en acquerra tout autant pendant la deuxième unité de temps, puisque la pesanteur agit toujours de la même manière avec la même intensité ; donc, après deux unités de temps, la vitesse acquise sera double de celle qu'il avait après la première unité de temps. Pendant la troisième unité de temps, la pesanteur, agissant toujours de la même manière et avec la même intensité sur le mobile, augmentera la vitesse d'une quantité égale à celle qu'elle a communiquée au même mobile pendant la première unité de temps ; donc, après la troisième unité de temps, la vitesse sera triple, etc. Donc les vitesses acquises sont comme les temps écoulés.

La vitesse acquise pendant la première unité de temps est la mesure de la force accélératrice.

133. L'expérience a démontré que pendant une seconde, un corps partant du repos, et soumis à la seule action de la pesanteur, acquérait une vitesse de $9^m,8088$; c'est-à-dire qu'après $1''$, si la pesanteur cessait d'agir, le mobile parcourrait, pendant $1''$, $9^m,8088$; la pesanteur a donc pour mesure $9^m,8088$.

Si on voulait savoir quelle serait la vitesse après $5''$, il faudrait, suivant ce qui précède, multiplier par 5 le nombre $9^m,8088$, et il viendrait $49^m,0440$. Donc, dans les mouvements uniformément accélérés, on a cette proportion :

(1) $1''$: temps écoulé : : la vitesse acquise pendant $1''$: la vitesse cherchée,

ou pour la pesanteur :

     $1''$: temps écoulé : : $9^m,8088$: la vitesse cherchée.

La seconde dont il est ici question est la 60ᵉ partie d'une minute ; la minute, la 60ᵉ partie d'une heure, l'heure étant la 24ᵉ partie du jour.

134. *Un corps partant du repos a été soumis à l'action de la pesanteur pendant $5''$, quel espace a-t-il parcouru ?*

Si on considère la pesanteur comme agissant par petites impulsions, après des intervalles de temps égaux, mais très-courts, le mouvement qu'elle engendre revient à celui que produirait une force instantanée, qui répète ses actions après des temps égaux. Donc, si l'on cherche la vitesse moyenne, et qu'on la multiplie par $5''$, temps écoulé depuis le commencement du mouvement, le produit sera l'espace parcouru (n° 127). Voyez la note (e).

La vitesse initiale est nulle, la vitesse finale, après $5''$, est

(n° 132) $9^m,8088 \times 5 = 49^m,0440$, la vitesse moyenne sera $0^m +$ $49^m,0440$, divisée par 2, ou $24^m,522$. Cette vitesse moyenne, multipliée par 5, donnera $122^m,610$ pour l'espace parcouru.

On transforme cette opération en une proportion, en disant :

(2) $1''$: temps écoulé :: 1/2 de la vitesse acquise : l'espace parcouru.

Si l'on fait attention au troisième terme de cette proportion, au lieu de 1/2 de la vitesse acquise, on peut mettre $4^m,9044 \times$ le temps écoulé, et la proportion revient à celle-ci :

$1''$: temps écoulé :: $4^m,9044 \times$ le temps écoulé : l'espace parcouru.

Cette proportion montre que si le temps écoulé était $1''$, l'espace parcouru serait $4^m,9044$; que pour avoir l'espace parcouru pour un temps différent de $1''$, il faut multiplier $4^m,9044$ par le carré du temps (cela suppose toujours que le mobile part du repos); qu'enfin les espaces parcourus dans deux temps différents sont entre eux comme les carrés des temps, et par suite, que les temps sont entre eux comme la racine carrée des espaces parcourus (1).

135. *Les espaces parcourus successivement pendant la première unité de temps, pendant la deuxième, pendant la troisième, sont entre eux comme la suite des nombres impairs 1, 3, 5, 7, etc.*

Je cherche les espaces parcourus successivement pendant chaque unité de temps. Pendant la première unité, la vitesse initiale est 0, et la vitesse finale 1 (en prenant 1 pour la vitesse acquise, l'espace parcouru sera, $(0 + 1)$ divisé par 2 ou 1/2; pendant la deuxième unité de temps, la vitesse initiale est 1, et la vitesse finale 2, l'espace parcouru sera $(1 + 2)$ divisé par 2 ou 3/2; pendant la troisième unité de temps, la vitesse initiale est 2, et la vitesse finale 3, l'espace parcouru sera $(2 + 3)$ divisé par 2 ou 5/2, etc. Chaque vitesse moyenne, multipliée par 1, durée du mouvement, donnera, pour l'espace parcouru pendant chaque unité de temps :

1/2, 3/2, 5/2, 7/2, 9/2, 11/2, etc., de $9^m,8088$.

Les temps seront donc entre eux comme 1, 3, 5, 7, 9, etc., puisque, dans les rapports, le dénominateur commun disparaît.

---

(1) Dans tout mouvement produit par une force accélératrice constante, lorsque le corps part du repos, il entre quatre quantités : la force, la vitesse acquise, le temps et l'espace parcouru. *Deux quelconques de ces quatre quantités étant données, trouver les deux autres*, question générale qui donne lieu a plusieurs questions particulières qui toutes seront résolues par les proportions suivantes :

(1) $1''$: temps écoulé :: $9^m,8088$: la vitesse acquise.

(2) $1''$: temps écoulé :: 1/2 la vitesse acquise : l'espace parcouru.

Ces deux proportions ayant un rapport commun donnent :

(3) $9^m,8088$: la vitesse acquise :: 1/2 de la vitesse acquise : l'espace parcouru.

En multipliant (1) et (2) par ordre on a :

(4) $1''$: carré du temps :: 1/2 de $9^m,8088$: l'espace parcouru.

Au reste, le raisonnement seul conduit au même résultat, car si je désigne par AE l'espace parcouru pendant la première seconde, la vitesse acquise pendant la première seconde sera 2AE; à la fin de la deuxième seconde, la vitesse acquise serait 4AE, à la fin de la troisième, 6AE; à la fin de la quatrième, 8AE, etc. Pendant la deuxième seconde, le mobile parcourrait, en vertu de la vitesse acquise, 2AE, et en vertu de l'accélération, il parcourrait en outre un espace égal à celui qu'il a parcouru pendant la première seconde, c'est-à-dire AE; donc, en tout, il parcourrait 3AE. Pendant la troisième seconde, il parcourrait, en vertu de la vitesse acquise 4AE, et par l'accélération encore AE, en tout 5AE. Pendant la quatrième seconde, il parcourrait, en vertu de la vitesse acquise, 6AE, et encore AE par l'accélération, en tout 7AE; etc.

136. *Un mobile a été soumis à l'action de la pesanteur pendant 5″; combien de mètres a-t-il parcouru pendant la première, la deuxième, etc., seconde ?*

Pendant la 1re il a parcouru	4^m,9044	4^m,9044
2^e	4 ,9044 × 3	14 ,7132
3^e	4 ,9044 × 5	24 ,6220
4^e	4 ,9044 × 7	34 ,3308
5^e	4 ,9044 × 9	44 ,0396
	Total..........	122 ,6100

137. *Combien faudrait-il de temps à un mobile tombant librement, pour parcourir 122^m,61 ?*

Divisez l'espace parcouru par 4^m,9044, la racine carrée du quotient sera le temps demandé. 122^m,61 : 4^m,9044, donne au quotient 25, dont la racine carrée est 5. Par conséquent, le temps demandé est 5″.

La solution de cette question se déduit de la proportion (4), note de la page 62, dans laquelle on voit que l'espace parcouru est égal au carré du temps × 4^m,9044.

138. *De quelle hauteur devrait tomber un corps, s'il partait du repos, pour acquérir une vitesse donnée ?*

Soit 13^m,4 la vitesse donnée, la proportion donnée (3), note de la page 62, donne :

$$9^m,8088 : 13^m,4 :: 1/2 \text{ de } 13^m,4 : \text{l'espace cherché,}$$

ou $$19{`}6176 : 13^m,4 :: 13^m,4 : \text{l'espace cherché;}$$

il faut donc, pour trouver la hauteur cherchée, carrer la vitesse donnée et diviser ce carré par 19,6176.

Le carré de 13,4 est 179^m,56; divisé par 19,6176, il donne au quotient 9^m,153 pour la hauteur cherchée.

Cette question se présente si souvent, qu'on a calculé pour cet objet des tables fort étendues.

139. *Un mobile a reçu une impulsion de haut en bas, suivant une ligne verticale; trouver l'espace parcouru, en vertu de la vitesse imprimée et de la pesanteur.*

Supposons que la vitesse imprimée au mobile par une force

instantanée soit de 5^m par seconde, et que le mouvement ait duré $7''$, quelle sera la vitesse à la fin du mouvement, et quel espace aura parcouru le mobile?

Pendant la durée du mouvement, le corps aura toujours la vitesse imprimée, plus celle que lui imprime la pesanteur; donc, à la fin du mouvement, la vitesse sera 5^m, plus celle que le mobile a acquise en vertu de la pesanteur pendant $7''$. Cette vitesse acquise est $9^m,8088 \times 7 = 68^m,6616$. La vitesse finale sera donc, $5^m + 68^m,6616 = 73^m,6616$. L'espace parcouru sera égal (n° 134) au produit de la vitesse moyenne, multipliée par $7''$.

La vitesse initiale est	5^m
La vitesse finale est	$73 ,6616$
	$78 ,6616$
La vitesse moyenne sera	$39 ,3308$

et l'espace parcouru $39^m,3308 \times 7 = \underline{275^m,3156}$

Nous aurions pu raisonner ainsi : Pendant la première seconde, le mobile a parcouru les 5^m qu'il aurait parcourus en vertu de la vitesse que lui a communiquée la force instantanée, plus $4^m,9044$, l'espace que la pesanteur lui a fait parcourir. Après la deuxième seconde, il aurait parcouru $5^m \times 2 + 4^m,9044 \times 4$ carré du temps écoulé, etc. Enfin, après $7''$, il aurait parcouru $5^m \times 7 + 4^m,9044 \times 7 \times 7 = 275^m,3156$, comme par l'autre procédé, vérifié par ce calcul.

140. *Un mobile est lancé verticalement de bas en haut avec une vitesse de 145^m par seconde. A quelle hauteur s'élèvera-t-il? quel temps emploiera-t-il pour revenir au point d'où il est parti? et quelle sera alors sa vitesse?*

La pesanteur diminue à chaque instant la vitesse du mobile d'une quantité égale à celle qu'elle donnerait elle-même au mobile, s'il tombait librement; par conséquent, pendant la première seconde, elle diminuera la vitesse imprimée de $9^m,8088$; pendant la deuxième seconde, le mobile perdra encore $9^m,8088$ de sa vitesse; ainsi de suite jusqu'à ce que la vitesse initiale soit détruite, ce qui aura lieu après un nombre de secondes déterminé par le quotient de 145^m, divisé par $9^m,8088$ ou $14'',79$.

Dès que la vitesse sera nulle, le mobile commencera à descendre; la vitesse croîtra comme elle avait diminué, de sorte que, arrivant au point de départ, il aura une vitesse égale à celle qui lui avait été imprimée au commencement du mouvement. Le corps s'élèvera donc à une hauteur égale à celle d'où il aurait dû tomber, pour avoir une vitesse de 145^m par seconde, ou comme il est tombé librement pendant $14'',79$, il aura parcouru (n° 134) $72^m,536 \times 14,79 = 1072^m,809$.

Pour avoir le temps demandé, il suffit d'observer qu'il est double du quotient déjà trouvé, puisque le mobile mettrait pour descendre autant de temps qu'à monter, à cause que la vitesse croîtrait comme elle avait diminué; le temps sera donc le double de $14'',79$ ou $29'',58$.

L'air opposerait une grande résistance, qui changerait singu-lièrement les résultats qui viennent d'être trouvés.

141. *Un corps ou un point matériel, placé sur un plan iné-branlable et incliné à l'horizon, descendra sur le plan, s'il est abandonné à lui-même; trouver, après un temps donné, sa vi-tesse et l'espace qu'il aura parcouru, abstraction faite de toute espèce de résistance.*

La pesanteur à laquelle obéira le mobile peut à chaque instant être décomposée en deux forces, l'une perpendiculaire au plan, et l'autre sur le plan, si c'est un point matériel, ou parallèle au plan, si c'est un corps dans lequel on a déterminé le centre de gravité. La force perpendiculaire au plan sera détruite par la ré-sistance du plan, l'autre force obligera le mobile à descendre, et le pressera constamment. La direction de la pesanteur, ligne verticale, et la perpendiculaire au plan, menées par le point au-quel est appliquée la pesanteur, déterminent un plan perpendi-culaire au plan donné, ou au plan horizontal et à la commune intersection de ces deux derniers plans. La force qui oblige le mobile à descendre étant dans le plan vertical, il faudra que le mobile reste dans ce plan; car tout étant égal de part et d'autre, il n'y a pas de raison pour que le mobile s'écarte à droite plutôt qu'à gauche; il se trouvera donc sur la ligne commune au plan donné et au plan vertical. Si l'on représente la coupe du plan donné et du plan horizontal par le plan des forces, on aura la figure 61, dans laquelle AC représente la verticale, menée par le point d'application de la force; AE, la ligne sur laquelle doit rester le mobile, et CE, la coupe du plan horizontal, de sorte que le triangle CAE est rectangle en C. La question revient mainte-nant à considérer le mouvement d'un point matériel sur une droite inclinée AE.

Déduite de la pesanteur, la force qui presse le mobile est une force accélératrice constante; par conséquent, le mouvement du mobile sera uniformément accéléré, les vitesses acquises et les espaces parcourus seront calculés comme dans la chute des graves.

Soit AD la pesanteur, tirons AB perpendiculaire à AE, menons AF dans la direction EA, et terminons le parallélogramme ABDF; AF représentera la force qui presse le corps, AB celle qui exerce son action contre le plan, et comme les deux triangles ADF et AEC sont semblables, nous aurons AD : AF :: AE : AC; donc la pesanteur : la force qui presse le mobile pour descendre :: AE : AC :: la longueur du plan : sa hauteur.

Si l'on devait appliquer cette proposition, il faudrait mesurer AE et AC, et chercher le quatrième terme de cette proportion :

$$\text{AE} : \text{AC} :: 9^\text{m},8088 : x = 9^\text{m},8088 \times \text{AC} : \text{AE}.$$

Le quatrième terme serait la vitesse qu'aurait le mobile après une seconde. C'est l'expression de la force accélératrice qui presse le mobile sur le plan, comme la pesanteur agissant librement sur un corps qui tombe.

Connaissant la vitesse qu'engendre, en une seconde, cette force accélératrice constante, on calculerait la vitesse après un temps donné, ainsi que l'espace parcouru, comme on l'a vu dans les problèmes précédents.

142. *Quel serait l'espace que parcourrait un corps tombant librement, suivant la verticale AC (fig. 61), pendant qu'un autre descend sur la ligne AE, les deux corps partant à la fois du point A.*

Au n° 134, nous avons vu que, dans le mouvement d'un corps partant du repos, soumis à la pesanteur et tombant librement, on avait cette proportion (4) :

$$1 : \text{carré du temps} :: 4^m,9044 : \text{l'espace parcouru.}$$

Cette proportion convient, dans les mêmes circonstances, à tout mouvement uniformément accéléré, pourvu qu'on remplace le troisième terme par la moitié de la force accélératrice ; on aura donc, dans le mouvement sur un plan incliné :

$$1 : \text{carré du temps} :: \frac{4^m,9044 \times AC}{AE} : AE.$$

Ces deux proportions ont un rapport commun ; puisque, par hypothèse, les temps sont égaux, il y a donc proportion entre les deux autres rapports ; donc on a :

$$\frac{4^m,9044 \times AC}{AE} : AE :: 4^m,9044 : x, \text{ espace cherché.}$$

Multipliant les deux premiers termes par AE, et divisant le premier et le troisième par $4^m,9044$, on aura :

$$AC : AE \times AE :: 1 : x = AE \times AE / AC.$$

Si l'on mène EG perpendiculaire sur AE, le point G sera le lieu du corps qui tombe librement quand l'autre sera en E ; car les deux triangles AEG et ACE sont semblables, et ils donnent AC : AE :: AE : AG = AE $\times$ AE / AC.

AG est égal à x.

Il suit de cette proposition que si un demi-cercle ABC (fig. 62) a son diamètre AC vertical, et qu'on tire de l'extrémité A les cordes AB, AB′, AB″, etc., toutes ces cordes seront parcourues par un mobile dans le même temps, puisque pour chacune le temps de la descente serait égal au temps de la chute par AC, à cause des triangles rectangles ABC, AB′C, AB″C, etc.

Les cordes BC, B′C, B″C, etc., seront aussi parcourues dans le même temps, car on peut toujours mener, par le point A et de l'autre côté de AC, une corde AD″, égale et parallèle à CB″, qui sera également inclinée, et par conséquent parcourue dans le même temps que le diamètre AC. Il en serait de même pour les cordes CB′ et CB.

143. *De quelle hauteur devrait librement tomber un corps, pour acquérir la même vitesse que celui qui parcourt librement toute la ligne inclinée AE (fig. 61)?*

La proportion (3) (n° 134), après avoir multiplié les deux antécédents par 2, donne :

$$9^m,8088 \times 2 : \text{à la vitesse acquise} :: \text{la vitesse acquise} : \text{l'espace parcouru.}$$

Elle convient à tous les cas du mouvement d'un corps soumis à une force accélératrice constante, pourvu qu'on y remplace la pesanteur par la force qui engendre le mouvement que l'on considère; nous aurons donc, pour le mouvement sur le plan incliné, cette proportion :

$$\frac{9^{m},8088 \times 2 \times AC}{AE} : \text{à la vitesse acquise} :: \text{la vitesse acquise} : AE.$$

Ces deux proportions ont les mêmes moyens, par conséquent les extrêmes forment une proportion dans laquelle les extrêmes de l'une forment les moyens, et les extrêmes de l'autre, les extrèmes; nous aurons donc cette proportion :

$$2 \times 9^{m},8088 : \frac{9^{m},8088 \times 2 \times AC}{AE} :: AE : \text{la distance cherchée.}$$

Divisant les deux premiers termes par $2 \times 9^{m},8088$ et les multipliant par AE, nous trouverons :

$$AE : AC :: AE : \text{distance cherchée} = AC.$$

La hauteur demandée est la portion de la verticale comprise entre le point A et celui où la ligne horizontale, menée par le point E, vient rencontrer cette verticale.

Cette proposition n'est pas sans utilité.

144. Les impulsions, les percussions, etc., reviennent aux pressions. Ce sont des forces qui s'expriment en nombre ou se représentent par des lignes; elles se composent et se décomposent comme on l'a vu précédemment. Elles pressent les corps jusqu'à ce que toutes les parties du mobile aient pris un mouvement commun, et cette communication du mouvement se fait en un temps très-court, mais qui a dans notre esprit une certaine durée.

Si un point matériel reçoit simultanément deux impulsions, suivant des directions différentes, il est clair qu'il se trouve dans le même cas, que s'il était pressé par deux forces; qu'il n'obéira à aucune des deux en particulier, et qu'il se mouvra, comme s'il avait été soumis à l'action de leur résultante. Ainsi, pour déterminer le mouvement du corps, il faudra construire le parallélogramme des forces, chacune étant représentée par la quantité de mouvement qui la mesure; trouver la direction et la grandeur de la résultante, et regarder le corps comme soumis à l'action de cette dernière force.

Avant la construction du parallélogramme, il faudra voir si les poids ou les masses sont rapportés aux mêmes unités, et s'il en est de même des vitesses et du temps. Dans les cas où elles différeraient, par exemple, si l'unité de poids était un kilogramme dans l'une des quantités de mouvement, et un décagramme dans l'autre, on les réduirait à la même unité de poids. Si les vitesses n'étaient pas rapportées à la même unité de longueur, on substituerait, dans l'une des quantités de mouvement, à la place du nombre qui exprime la vitesse, un nombre rapporté à l'unité de l'autre vitesse. On prendra ensuite, sur une assez grande échelle, les parties représentant les quantités de mouvement qui mesurent les forces. La diagonale, mesurée au moyen de la même échelle, sera la quantité de mouvement du corps soumis à l'action simultanée des deux forces. On obtiendra la vitesse en divisant la diagonale par le poids du mobile rapporté à l'unité employée dans la mesure des deux forces.

145. Nous voilà arrivé naturellement à parler des vitesses, qui se composent et se décomposent comme les pressions; car les vitesses sont proportionnelles aux forces, quand elles agissent sur la même masse. Elles sont, dans ce cas, la mesure des forces, et par conséquent elles se composent et se décomposent de la même manière.

Lorsque les deux forces d'impulsion sont données par leur mesure (la quantité de mouvement), que la direction des forces et le poids du mobile sont connus, on peut, si on le désire, construire le parallélogramme au moyen des vitesses que ces forces imprimeraient au mobile, si elles agissaient seules. Pour cela, on divisera les quantités de mouvement par le poids du mobile, et les quotients respectifs exprimeraient les vitesses que prendraient les mobiles, s'ils obéissaient séparément à chaque force. La construction étant terminée, la diagonale représentera la direction du mouvement du mobile. Ce procédé suffira fort souvent pour la pratique. Quelquefois, au lieu de construire un parallélogramme, on se borne à la construction d'un triangle, qui est la moitié du parallélogramme.

S'il suffisait de connaître la position du mobile après un temps donné, on procèderait comme on va le voir.

Supposons que le mobile soit soumis à l'action simultanée de deux forces Q et P (fig. 63) agissant suivant les directions AX et AY, et qu'on veuille connaître la position du corps à un instant donné. On cherchera la position B, qu'aurait eue le corps, s'il eût obéi à la seule force P, et la position C, qu'il aurait eue, s'il eût obéi à la seule force Q; tirant ensuite BD, parallèle à AX, et CD, parallèle à AY, on aura le point D pour l'intersection des deux parallèles, et AD, pour la droite parcourue dans le même temps.

Ce procédé se déduit du parallélogramme des forces. Car si Ab et Ac sont les vitesses que les forces P et Q, agissant séparément, imprimeraient au mobile, Ad diagonale du parallélogramme construit sur Ad et Ac, serait aussi l'espace parcouru suivant Ad pendant l'unité de temps. Après deux, trois, etc., unités de temps, le mobile parcourrait sur AY, par l'impulsion de la force P, deux fois, trois fois, etc., la ligne Ab, et sur la diagonale Ad prolongée, deux, trois, etc., fois la ligne Ad, en vertu de l'action simultanée des deux forces; en sorte qu'il y aurait toujours même rapport entre l'espace parcouru sur AY, en vertu de la seule force P, et l'espace parcouru sur Ad, en vertu des deux forces, qu'entre Ab et Ad.

On prouverait de même que le rapport entre l'espace parcouru sur AX par la seule impulsion de la force Q, et l'espace parcouru sur Ad par l'impulsion simultanée des deux forces P et Q, est le même qu'entre Ac et Ad. Mais comme on a toujours, à cause de la similitude des deux parallélogrammes Abcd et ABCD, les deux proportions Ab : AB :: Ad : AD, et Ac : AC :: Ad : AD, le point D sera la position du mobile après le temps donné.

Dans le mouvement composé, le mobile s'éloigne de la direction de chacune des deux composantes, comme si chaque force agissait seule. pourvu toutefois qu'on mesure les distances sur des parallèles à la direction des forces.

DU MOUVEMENT DES PROJECTILES.

146. Construire la ligne brisée que décrirait un point matériel sur lequel agiraient simultanément deux forces P et Q (fig. 64), et après des temps donnés, d'autres forces P′, P″, P‴, etc., aussi données dans le plan des deux premières.

Soient p, q, p', p'', p''', etc., les vitesses que les forces P, Q, P′, P″, P‴, etc., imprimeraient au mobile, si elles agissaient seules. Supposons en outre que les vitesses soient les espaces parcourus en 1″; que la force P′ ait agi 3″ après l'action des deux premières, que la force P″ ait exercé son action 2″ 1/2 après la force P′; que la force P‴ ait exercé son action 1″ 1/4 après la force P″.........., A étant le point matériel, BA et CA les directions des forces P et Q. Cherchons, au moyen de ces données, la route du mobile.

Sur $Ab = p$ et $Ac = q$, construisons le parallélogramme $Abac$; la diagonale Aa est la vitesse résultante, et en même temps la direction que prend le mobile. Il s'est mû pendant 3″ avec la même vitesse; prenons $AA' = 3$ fois Aa, et le point matériel sera en A′, quand la force P′, agissant suivant la direction B′A′, exerce son action. Dans son mouvement sur AA′; le point matériel peut être considéré à chaque instant comme recevant la vitesse dont il est animé. Au point A′, il a donc la vitesse $A'c' = Aa$, et il reçoit la vitesse $A'b' = p'$ suivant B′A′. Construisons le parallélogramme $A'b'a'c'$, et nous aurons $A'a'$ pour la vitesse et la direction du mobile, après l'action de la force P′. Le point matériel s'est mû avec cette vitesse pendant 2″ 1/2. Prenons $A'A'' = A'a' \times 2$ 1/2, et le mobile se trouvera en A″, quand la force P″ exerce son action (répéter pour P″ le raisonnement et la construction précédente, et continuer ainsi, en ayant égard aux quantités différentes, ainsi qu'aux directions des forces, et nous construirons la portion de polygone que décrit le mobile) ou la ligne brisée AA′A″A‴, etc.

Si toutes les forces données n'étaient pas dans le plan des deux premières, alors le mobile ne resterait pas dans le même plan, et nous trouverions péniblement sa position dans l'espace.

Nous avons remarqué que le mobile était à chaque instant de son mouvement, comme s'il venait de recevoir ou s'il recevait l'impulsion qui lui avait donné la vitesse dont il était animé. Il suit de cette observation que de A′ à A″ le mobile a la même vitesse que si les trois forces Q, P, P′ venaient d'agir simultanément sur lui; que de A″ à A‴ il avait la même vitesse que si les quatre forces Q, P, P′ et P″ venaient d'agir simultanément sur lui; parce que la vitesse résultante représente constamment toutes ses composantes, et que toutes les vitesses composantes, transportées parallèlement à leur direction, représentent ou remplacent la vitesse résultante.

147. *Construire la ligne brisée que décrirait un mobile sur lequel agiraient simultanément deux forces P et Q, et après des temps égaux, d'autres forces P′, P″, P‴, etc., parallèles et égales à la force P, et toutes situées dans le plan des deux premières.*

(Nous n'avons pas fait de figure pour la question proposée; la figure 65 suffira pour faire connaître la construction d'une partie de la ligne brisée que décrit le mobile. Cependant nous insistons pour que le lecteur, qui ne serait pas assez exercé aux opérations de cette espèce, construise, sur des lignes assez grandes, la portion de polygone ou de ligne brisée que décrit le mobile, afin qu'il trouve, dans la figure, le principe de la courbe à laquelle conduira la question suivante.)

Soient AX et AY les directions des deux forces Q et P, A le mobile qui reçoit la vitesse A1′ sur AX de la force Q, A1 sur AY de la force P. Supposons aussi que l'intervalle entre les actions des forces P, P′, P″, etc., soit l'unité de temps; il est clair qu'après l'action simultanée des deux forces Q et P, le mobile sera à l'extrémité de la diagonale du parallélogramme A1A′1′. La force P′ agissant alors sur le mobile, si je remplace la résultante de Q et de P par ces mêmes composantes, le mobile se mouvra pendant la deuxième unité de temps, en vertu de la force Q et des deux forces P et P′ n'en formant qu'une. Si nous construisons le parallélogramme A′2A″2′ sur A′2′ vitesse de Q et sur A′2 vitesse de 2P le lieu du mobile sera, à la fin de la deuxième unité de temps, à l'extrémité A″ de la diagonale du parallélogramme. Lorsque le mobile est en A″, la force P″ agit, et en remplaçant la force en vertu de laquelle le mobile a décrit la ligne A′A″ par les forces Q et 2P, nous aurons les forces Q et 3P, qui agiront sur le mobile. Opérant comme nous venons de le faire pour les forces Q et 2P, nous aurons la ligne A″A‴, pour la ligne parcourue pendant la troisième unité de temps. En continuant ainsi pour toutes les forces P‴, P⁗, etc., nous aurons dans l'ensemble des diagonales la ligne brisée décrite par le mobile.

Quoique peu compliquée, cette construction peut être simplifiée, si l'on observe que les forces P′, P″, P‴, etc., qui agissent parallèlement à la force P, tendent à éloigner le mobile de la ligne AX, comme si ce mobile eût parcouru la ligne AY, en vertu de l'action successive des forces P, P′, P″, etc.; et que la force Q, dans tout le mouvement du mobile, l'éloigne de la ligne AY, comme si elle l'eût poussé seule sur la ligne AX, ces distances étant mesurées sur des lignes parallèles à AX et AY. Aussi voit-on que A′, A″, A‴, etc., sont situés au sommet de l'angle opposé à l'angle XAY d'un parallélogramme qui aurait pour côtés les espaces parcourus dans le même temps par le mobile, d'une part sur AY, en vertu de toutes les forces P, P′, etc., et de l'autre sur AX, en vertu de la seule force Q. Donc si on voulait avoir la position du mobile après cinq unités de temps, par exemple, il faudrait trouver sur AX le point 5′ où la force Q aurait fait parvenir le mobile après cinq unités de temps ; de même, trouver sur AY le point 5 ou les forces P, P′, P″, etc., auraient poussé le mobile, en agissant successivement ; ensuite mener par les points 5 des droites parallèles aux lignes AY et AX ; l'intersection donnerait A⁷ pour le lieu du mobile.

Si les lignes AA′, A′A″, etc., représentent les espaces que parcourra le mobile pendant une unité de temps, et par la disposition des forces, on voit que ces lignes qui sont la vitesse du mobile, vont diminuant jusqu'à ce que l'une d'elles soit perpendiculaire, ou plus près de l'être, à la direction des forces P, P′, P″, etc., et qu'ensuite elles vont croissant comme elles avaient diminué.

Les lignes AA′, A′A″, etc., représentent l'espace que parcourra le mobile pendant chaque seconde consécutive ; par conséquent la vitesse augmentera ou diminuera suivant que les lignes droites composant la ligne brisée augmenteront ou diminueront. Par la disposition et la grandeur des forces P et Q, il est clair que les lignes comprises entre des parallèles également distantes vont d'abord diminuant de longueur, puisqu'elles sont de moins en moins inclinées par rapport aux parallèles, et que la ligne la plus courte sera celle qui se trouvera perpendiculaire aux directions des forces parallèles ou qui approchera le plus de cette position ; ensuite elles vont croissant comme elles avaient diminué. Donc la vitesse du mobile ira diminuant jusqu'à ce que la direction du mouvement soit perpendiculaire à la direction des forces parallèles, ou qu'elle approche le plus de cette position ; ensuite elle croîtra comme elle avait diminué.

Si maintenant on supposait que les forces P, P′, P″, etc., exerçassent leur action après des intervalles de temps très-courts et qu'elles fussent elles-mêmes très-petites, elles se rapprocheraient de la manière d'agir des forces accélératrices constantes, et le mobile décrirait alors une ligne courbe passant par les points A, A′, A″, etc. Traçant donc à la main, sans coudes ni jarrets, une courbe passant par ces points très-rapprochés, on aurait la route du mobile.

148. *Tracer la route que suivrait un mobile lancé dans l'espace par une force instantanée avec une vitesse connue et une direction donnée.*

Au moment de l'impulsion, la pesanteur agit sur le mobile, soumis alors à l'action de deux forces, dont les directions déterminent un plan vertical, puisque l'une des deux forces est verticale. Le mobile ne sortira pas du plan dans lequel sont les efforts de la pesanteur ; par conséquent, il n'y a pas de raison pour que le mobile s'en écarte à droite plutôt qu'à gauche, tout étant égal de part et d'autre. A cause de son action, dirigée de haut en bas et suivant une direction verticale, la pesanteur reste toujours parallèle à elle-même, et change à chaque instant la direction du mouvement du mobile, et quoiqu'elle agisse sans interruption, on peut néanmoins regarder cette force comme imprimant des

vitesses très-petites et répétant ses actions après des temps infiniment petits ; alors la question proposée revient à la question
précédente, dans laquelle la force Q est la force de projection, et
les forces P, P′, P″, etc., représentent la pesanteur. Plus le temps
qui s'écoulera entre les actions successives des forces P, P′, etc.,
sera petit, plus les points A′, A″, A‴, etc., seront rapprochés ; de
sorte que la ligne brisée se changera en ligne courbe, quand les
côtés seront infiniment petits. Déterminant donc des points très-
rapprochés, qui appartiennent à la route du mobile, et traçant
une courbe qui passe par ces points, on aura résolu la question.

Cherchez donc, sur la ligne verticale AY, les points où se trouverait le mobile, après 1/2 ″, 1″, 1″1/2, 2″, 2″1/2, etc., comme si
la pesanteur eût agi seule ; cherchez aussi les points où serait le
mobile sur CA ou AX, après les mêmes intervalles de temps,
comme si le mobile eût obéi à la seule force de projection, force
instantanée qui engendre un mouvement uniforme. Menez par
les points correspondants des parallèles à AY et AX ; les points
d'intersection de ces parallèles appartiendront à la courbe demandée, qu'il faudra tracer ensuite comme on l'a dit plus haut.

Si l'on trouvait trop éloignés les points A, A′, A″, A‴, etc., on
aurait des points plus rapprochés, en prenant la durée des intervalles un peu plus petite ; mais il faudrait se rappeler que la vitesse acquise, après chaque fraction de seconde, serait une semblable fraction de 9ᵐ,8088. Pour 1/2 seconde, elle est 4ᵐ,9044 ;
pour 1/4 de seconde, elle serait 2ᵐ,4522 ; pour 1/10 de seconde,
elle serait 0ᵐ,98088, etc. Les espaces parcourus seraient calculés
comme on l'a vu plus haut.

Cette courbe porte le nom de *parabole*, l'une des sections co-
niques.

Je n'ai pas eu la pensée de donner cette construction comme
équivalente à celle qu'on trouve dans les traités des sections co-
niques, néanmoins elle suffit à mon objet. J'en déduirai quelques
conséquences, pour montrer l'utilité de la question.

Si, par le point A, on tire une ligne horizontale dans le plan de
la courbe, elle la rencontrera en un point I, pourvu que la force
Q tende à élever le mobile au-dessus de l'horizontale. Menant IK
parallèle à CX, on aura AK pour représenter l'espace que la pesanteur ferait parcourir au mobile descendant librement de A en
K. Connaissant cet espace, on calculera le temps que le mobile a
employé pour aller de A en I, ensuite on divisera la distance KI
par le temps, on aura la vitesse imprimée au mobile par la force
Q, dans le cas où la courbe serait donnée, et même dans le cas
où l'on ne connaitrait que le point I et la direction de la force de
projection.

Le mobile, partant de A, emploie autant de temps à s'élever au-
dessus de AI, que pour revenir sur cette ligne ; par conséquent,
si l'on divise AI en deux parties égales, AN et NI, et que par le
point N on mène une verticale, elle coupera la courbe au point
M, le plus élevé de la route du mobile. On aura la hauteur au-
dessus de AI, en mesurant MN. Si la courbe n'était pas donnée,
on chercherait sur la verticale AK le point où était le mobile

après la moitié du temps déjà calculé (il serait au quart de AK), et menant par ce point une parallèle à CA, on couperait au point M la verticale qui passe par N. A ce point, la direction du mouvement est horizontale, la tangente à la courbe est parallèle à AI, et la vitesse est au *minimum*.

149. Lorsqu'on lance une bombe ou un boulet suivant une direction CAX, donnée par rapport à l'horizontale AI, on pourra, au moyen de ce qui précède, connaître la force de la poudre ou la vitesse du mobile. Car si l'on établit le mortier ou le canon sur un terrain horizontal, et qu'on ait le point où la bombe ou le boulet a rencontré le terrain en tombant, on mesurera AI, puis construisant sur cette ligne le triangle rectangle AIL au moyen de l'angle droit et de l'angle LAI, donné par la direction de la bouche à feu, on aura LI pour l'espace que la pesanteur a fait parcourir au mobile, suivant la verticale. Cet espace, divisé par $4^m,9044$, donnera le carré du temps, et la racine carrée du quotient sera le temps que le mobile a mis pour aller de A en I. Divisant ensuite par le temps la distance AL, que le corps aurait parcourue uniformément, s'il eût obéi à la seule force Q, on trouvera la vitesse imprimée par cette force ou la force de la poudre.

Si la direction de la force Q était horizontale, la courbe décrite par le mobile n'aura que le point A de commun avec AI, et l'on voit par là que si l'on voulait atteindre un but situé sur cette ligne horizontale, il faudrait que la direction de la force de projection fît un angle LAI, d'autant plus grand que le but serait plus éloigné. Aussi *la ligne de mire*, celle suivant laquelle on vise, fait toujours un angle avec l'axe du cylindre creux d'où sort le projectile; les canons de fusil en fournissent un exemple.

150. La distance AI s'appelle l'*amplitude*. On vient de voir que si la ligne de projection est horizontale, le mobile, au sortir de la bouche à feu, s'écarterait de la ligne AI pour ne plus y revenir; que si la direction de la force fait avec AI un angle fort petit, la courbe décrite par le mobile coupera en un point la ligne horizontale menée par le point A dans le plan du mouvement; que l'amplitude, d'abord petite, croîtra quand l'angle IAL deviendra plus grand; cependant il doit y avoir un terme à cet accroissement, car lorsque l'angle IAL approche de l'angle droit, l'amplitude a diminué, et elle se réduit encore à zéro, lorsque la force de projection a une direction verticale, puisque la ligne droite décrite par le mobile est une verticale qui ne rencontre l'horizontale qu'au point de départ où doit revenir le projectile.

151. L'amplitude est donc susceptible de croître d'abord, et de diminuer ensuite, pendant que l'on fait croître l'angle IAL depuis zéro jusqu'à 90°; elle a donc une limite qu'on obtient pour un même projectile, la même poudre, la même bouche à feu et la même charge, quand on donne à cet angle 45° d'ouverture; de sorte qu'une amplitude plus petite que la plus grande de toutes, peut être obtenue par deux directions, l'une faisant avec l'horizontale un angle plus petit que 45°, et l'autre formant un angle

plus grand. De là les deux directions qu'on peut donner au mortier pour chasser une bombe sur un point donné. Des constructions donnent le moyen de vérifier ce qui précède, et cela suffit pour ceux qui ne veulent pas faire une étude de l'art de lancer les bombes. La résistance de l'air modifie les conséquences qui viennent d'être déduites.

152. On appelle *force centrale*, celle qui attire ou pousse les corps vers un point fixe. La pesanteur ou gravité est une force centrale. Nous avons dit pourquoi nous la regardions comme une force qui agissait toujours parallèlement à elle-même.

153. *Un corps lancé dans l'espace est constamment attiré vers un point fixe ; trouver la relation entre la force de projection et la force centrale, pour que le mobile décrive une circonférence autour du point fixe.*

Puisque le mobile doit décrire une circonférence, il faut que la direction de son mouvement soit toujours perpendiculaire au rayon, ce qui exige que la direction de la force de projection soit perpendiculaire à la droite qui joint le point matériel au point fixe ; et comme la direction de la force de projection et le point fixe déterminent un plan, et que la force centrale exerce son action dans ce plan, le mobile n'en sortira point ; parce que tout étant égal de part et d'autre de ce plan, il n'y a pas de raison pour que le mobile aille d'un côté plutôt que de l'autre.

Soient C (fig. 66) le point fixe, A la position du point matériel, et Q la force, dont la direction FA est perpendiculaire à AC. J'appelle v la vitesse qu'imprime au mobile la force Q, et f la force centrale ; c'est-à-dire que je désigne par f l'espace que parcourrait le mobile dans une unité de temps, si la force centrale, après avoir agi pendant une unité de temps, cessait d'agir.

Dans un temps très-petit t, la force Q ferait parcourir au mobile un espace AB égal à vt ; dans le même temps, la force centrale ferait parcourir au mobile un espace AE $= 1/2\, f \times t \times t$. Construisant un parallélogramme ABDE, le point D sera la position du mobile après le temps t, et le point D appartiendra à la circonférence d'un cercle, dont le centre serait en C, si ED ou AB est moyen proportionnel entre AE et EG (propriété du cercle bien connue), ou si l'on veut AE $= (\overline{AB})^2$: EG (à cause que AE est très-petit et qu'il n'y a pas d'erreur à craindre, si l'on prend AG pour EG ou deux fois le rayon AC), ou encore si l'on a AE $= \overline{AB}^2$: 2AC. Mettant pour AE sa valeur, et aussi pour $\overline{AB}^2$ sa valeur $v^2 \times t \times t$; nous trouverons :

$$\frac{f \times t \times t}{2} = \frac{v^2 \times t \times t}{2AC} \quad \text{ou} \quad f = \frac{v^2}{AC} \quad \text{ou} \quad f = \frac{v^2}{R}$$

à cause que l'égalité de deux quantités subsiste toujours quand on les multiplie ou qu'on les divise par les mêmes nombres, et que AC est le rayon du cercle, mieux désigné par R.

Donc le mobile décrira une circonférence autour du point C, si la force centrale est égale au carré de la vitesse qu'imprime rait la force de projection, divisé par la distance du mobile au point fixe (1).

154. Dans ce mouvement, la vitesse est toujours la même, car elle ne changerait qu'autant qu'une cause pourrait ou l'augmenter ou la diminuer. Au moment de l'impulsion, la force centrale agissait perpendiculairement à la direction du mouvement, elle n'a pu changer la vitesse imprimée, puisque, dans cette situation, les forces sont indépendantes ; et comme la force centrale, qui exerce son action suivant le rayon du cercle, reste toujours perpendiculaire à la direction du mouvement, il s'ensuit qu'elle ne peut en aucune manière changer la vitesse ; par conséquent, le mouvement sur la circonférence est uniforme.

Si la force centrale cessait d'agir à un instant quelconque, le mobile décrirait une ligne droite, qui serait la continuation du côté infiniment petit du polygone qu'il décrit, c'est-à-dire la tangente, et il la parcourrait avec une vitesse égale à celle qu'il avait reçue de la force d'impulsion. Par la nature du mouvement, le mobile tend toujours à décrire une ligne droite tangente à la courbe, et par conséquent à s'éloigner du centre. Cet effort, considéré par rapport au mobile, est précisément opposé à la force centrale ; il se nomme *force centrifuge.*

Le mouvement sur la circonférence du cercle étant uniforme, il sera facile de trouver la vitesse, si on divise la circonférence par le temps ; de trouver le temps, si on divise la circonférence par la vitesse ; et de trouver l'espace parcouru si l'on multiplie la vitesse par le temps.

155. On compare aisément la force centrale à la pesanteur, en mettant, au lieu de la vitesse imprimée au mobile, la hauteur dont un corps pesant devrait tomber pour acquérir cette vitesse. Nous savons que le carré de la vitesse imprimée est égal (n° 133) à $9^m,8088 \times 2 \times h$; h étant la hauteur cherchée, nous aurons donc cette relation :

$$f = \frac{9^m,8088 \times 2 \times h}{R}$$

qui nous donne cette proportion $R : 2h :: 9^m,8088 : f$, dans laquelle on verra si la force centrale est plus grande ou plus petite que la pesanteur.

156 *. *Deux mobiles décrivent des circonférences en vertu de l'impulsion que chacun a reçue et d'une force centrale ; trouver le rapport des forces centrales.*

Pour exprimer et représenter plus facilement les données, désignons par F et F' les deux forces centrales, V et V' les vitesses, R et R' les rayons des circonférences, nous aurons :

---

(1) On peut prendre l'arc AB plus petit que 1', et comme pour l'arc d'une minute, la tangente, l'arc et la corde se confondent jusqu'à la 7° décimale ; que la partie AE, étant très-petite, et bien plus petite encore par rapport au diamètre, ne peut diminuer le diamètre que d'une quantité inappréciable pour un arc très-petit, la ligne CE est, sans erreur, égale à 2 fois le rayon.

$$F = \frac{V^2}{R}, \quad F' = \frac{V'^2}{R'}, \text{ et par suite, } F : F' :: \frac{V^2}{R} : \frac{V'^2}{R'}$$

Si les vitesses étaient égales, les forces centrales seraient en raison inverse des rayons, puisque la proportion précédente donnerait, à cause de $V = V'$

$$F : F' :: \frac{1}{R} : \frac{1}{R'} :: R' : R.$$

Si les temps des révolutions étaient égaux, les forces centrales seraient comme les rayons; car, dans cette supposition, nous aurions, en désignant par T et T' les temps des révolutions (n° 154) :

$$V = \frac{2R \times 3{,}142}{T} \text{ et } V^2 = \frac{4R^2 \times (3{,}142)^2}{T^2};$$

de même, nous aurions $V'^2 = \dfrac{4R'^2 \times (3{,}142)^2}{T'^2}.$

Si nous mettions pour V^2 et V'^2 ces valeurs dans la proportion

$$F : F' :: \frac{V^2}{R} : \frac{V'^2}{R'} \text{ nous trouverons :}$$

$$F : F' :: \frac{4R^2 \times (3{,}142)^2}{R \times T^2} : \frac{4R'^2 \times (3{,}142)^2}{R' \times T'^2} :: R : R'.$$

Après avoir divisé les deux derniers termes par les facteurs communs, $4 \times (3{,}142)^2$, supprimé dans chacun le facteur commun au numérateur et au dénominateur, et observé que, par hypothèse, les temps étant égaux $T = T'$, et qu'on doit supprimer T^2 et T'^2, en multipliant chacun des deux derniers termes par T^2.

Cette proportion nous apprend que les forces centrifuges des différents points de la surface de la terre sont comme les rayons des parallèles dans lesquels ils se trouvent.

Si l'on nous disait que les carrés des temps sont comme les cubes des rayons, nous aurions cette proportion : $T^2 : T'^2 :: R^3 : R'^3$, qui nous permettrait de remplacer T^2 et T'^2 dans la précédente par R^3 et R'^3, et elle deviendrait :

$$F : F' :: \frac{4R^2 \times (3{,}142)^2}{R \times R^3} : \frac{4R'^2 \times (3{,}142)^2}{R' \times R'^3} :: \frac{1}{R^2} : \frac{1}{R'^2},$$

ce qui prouverait que dans ce cas les forces sont en raison inverse du carré des rayons. C'est la loi de l'attraction du soleil sur les planètes.

S'il n'était pas déplacé de tirer ici d'autres conséquences, nous pourrions aussi dire quelque chose du mouvement sur une ellipse. Ce que nous avons dit suffit à notre objet.

157. Dans une roue qui tourne, toutes les parties sont soumises à la force centrifuge, qui est la même pour tous les points également éloignés de l'axe; mais elle est plus grande pour les points plus éloignés du centre, ainsi que le dit la proportion $F : F' :: R : R'$; quand R est plus grand que R', F est aussi plus grande que

F'. Cette force tend à désunir les parties de la roue. La boue se détache de la roue avec d'autant plus de vitesse que la roue tourne plus vite, tandis que celle qui est sur le moyeu ne part pas. Les grandes meules à aiguiser éclatent trop souvent par l'effet de la force centrifuge. Les voitures qui vont très-vite sont exposées à verser, même sur un terrain de niveau, lorsque les tournants sont très-courts. La force centrifuge pousse la voiture en dehors de l'arc que la roue décrit sur le terrain, et au moindre cahot elle peut verser, surtout lorsque le centre de gravité est très-élevé. C'est à cause de la force centrifuge que, sur un chemin de fer, les courbures de la voie sont très-petites.

Théorie des frondes.

158. La théorie des frondes est comprise dans ce qui précède; car en faisant abstraction de la pesanteur, on peut considérer les fils de la fronde comme tendus en vertu de la force centrale ou en vertu de la force centrifuge, puisqu'ils sont tendus dans les deux sens avec une égale force, et le mobile comme décrivant une circonférence dont le rayon est égal à la longueur des fils de la fronde. Le centre soutient l'effort continuel de la force centrifuge, qu'on peut évaluer en la comparant à la pesanteur.

Supposons qu'une pierre soit en mouvement au moyen d'une fronde, avec une vitesse de 4^m par seconde, et que le rayon du cercle décrit, ou la longueur des fils de la fronde, soit $1^m,3$. Cherchons la hauteur dont la pierre devrait tomber pour acquérir une vitesse de 4^m par seconde; nous trouverons $0^m,841$, et la proportion précédente nous donne $1^m,3 : 2 \times 0^m,801 :: 9^m,8088 : f.$, d'où nous tirons $f = 12^m,086$.

Quand la pierre est dans le bas de la circonférence qu'elle décrit, la pesanteur augmente la tension des fils de la fronde, et quand elle est dans la partie la plus élevée, elle la diminue. Il faut donc que la force centrifuge soit plus grande que la pesanteur, pour que les fils de la fronde soient tendus dans toutes les positions que peut prendre la pierre.

159. Dans la comparaison que nous venons de faire, la force centrale et la pesanteur ont été mesurées par la vitesse acquise par un mobile soumis successivement à l'action de chacune des deux forces; mais il y a une autre manière de les comparer et de les mesurer. On sait que le poids d'un corps est la résultante des efforts exercés par la pesanteur sur toutes les molécules de ce corps. Ce poids s'accroîtrait si l'action de la force devenait plus grande; nous aurons donc la mesure de deux forces accélératrices, si nous connaissons le poids d'un même corps, soumis séparément à l'action de chacune. Il suffira de substituer le poids du corps mis en mouvement au moyen d'une fronde, à la place de $9^m,8088$ dans la dernière proportion; le quatrième terme nous donnera le poids qu'il aurait s'il était soumis à l'action de la seule force centrale ou centrifuge. Si le corps pesait $1^{kg},07$, nous aurions la proportion

$$1,3 : 1,602 :: 1^{kg},07 : f = 1^{kg},3185.$$

On sait par expérience que plus la vitesse est grande, plus les fils de la fronde sont tendus ; c'est aussi ce que donne l'expression de la force.

MOUVEMENT D'UN CORPS SUR UNE COURBE DONNÉE.

160. *Trouver la perte de vitesse que fait un mobile, lorsqu'il passe d'un plan incliné sur un autre, ou plus simplement lorsqu'il passe d'un côté de polygone sur le côté consécutif.*

(Si on voulait considérer deux plans, il faudrait que la commune intersection fût perpendiculaire à la route du mobile.)

Supposons qu'un mobile se meuve dans le plan de deux lignes AB et BC (fig. 67) et au dedans de l'angle qu'elles forment ; qu'en arrivant au point B, venant de A, il ait une vitesse représentée par BD. Décomposons-la en deux autres, l'une suivant BE, et l'autre suivant BG. Cette dernière sera anéantie par la résistance de BC, il ne restera au mobile que la vitesse BE suivant BC. Si du point B, comme centre et avec un rayon égal à BD, nous décrivons une demi-circonférence FDH, la droite EF représentera la vitesse perdue. Cette vitesse perdue est égale à $\overline{DF}^2$: FH, propriété du cercle qui se déduit de la similitude des deux triangles FDH et FDE, qui donnent FH : DF :: DF : FE.

Il y a réellement une perte de vitesse ; mais elle est d'autant plus petite que l'angle ABC approche plus de deux droits, ou que son supplément CBD est plus petit ; et si l'angle FBD est infiniment petit, la perte de vitesse sera nulle ; car on a toujours FH : FD :: FD : FE. Quand l'angle FBD est infiniment petit, l'arc FD ne peut être comparé à un arc donné ; la corde, plus petite que l'arc, ne pourra être comparée au rayon FB et devra être négligée par rapport au rayon, et à plus forte raison, devra-t-on négliger FE par rapport au même rayon DB, puisque la proportion démontre que FE est aussi petite, par rapport à FD, que FD l'est par rapport à BD ; donc la perte de vitesse est nulle dans le cas que nous venons de considérer.

Pour donner une idée de la petitesse de FE, et de l'exactitude de la conclusion précédente, je dirai que si l'angle FBD était de $1''$ sexagésimale et le rayon 1, l'arc serait 0,00000485 ; la corde, étant plus petite que l'arc, aurait son carré plus petit que 0,00000000003 ; FE serait encore plus petite que la moitié de ce nombre ou que 0,00000000002, puisqu'il faut diviser FD $\times$ FD par FH ou 2. Cette portion de la vitesse devrait donc être négligée. Que serait-ce donc si l'arc était plus petit qu'une seconde sexagésimale ?

161. *Trouver la vitesse d'un mobile qui se meut sur une courbe donnée en vertu d'une impulsion qu'il a reçue suivant la tangente à la courbe, aucune autre force n'agissant sur le mobile.*

Une courbe peut être considérée comme un polygone d'une infinité de côtés infiniment petits, faisant entre eux des angles qui approchent tellement de deux droits, que les suppléments de ces angles sont plus petits que tout angle donné ; par conséquent le mobile, recevant une impulsion suivant la direction de l'un de ces petits côtés, ou suivant la tangente à la courbe, ce qui revient au même, ne perdra pas de vitesse en passant du premier côté sur le second, du second sur le troisième, du troisième sur le quatrième, etc.; il conservera donc toute la vitesse qui lui a été imprimée, et le mouvement sera uniforme.

Quoique le mobile ne perde pas de vitesse, il tend constamment à s'échapper suivant la tangente à la courbe, et il s'échapperait en effet, si la courbe ne lui opposait une résistance qui infléchit la direction du mouvement.

162. Admettons que la courbe soit un cercle, la circonférence opposera une résistance égale à la force centrale qui, dans le mouvement du mobile dans l'espace, l'obligeait à décrire cette circonférence; car on peut faire abstraction de la courbe, pourvu que l'on applique au mobile, et dans le plan du mouvement, une force qui le pousse constamment vers le centre. Or, cette force est précisément égale et contraire à la force centrifuge dont nous avons déjà parlé. Le mouvement, dans une circonférence, donne naissance à la force centrifuge, qui s'accroît avec la vitesse.

Lorsque la courbe n'est pas un cercle, elle résiste néanmoins comme la circonférence, qui, au point où se trouve le corps, aurait la même courbure que la courbe en question. Nous connaissons la force centrifuge dans le cercle : elle est égale au quotient du carré de la vitesse divisé par le rayon. Si donc nous trouvons le rayon du cercle, qui a même courbure que la courbe, ou qui, dans le voisinage du point où est le mobile, se confondrait avec la courbe, nous aurons aisément la valeur de la force centrifuge.

Prenez, à la droite du point donné sur la courbe, un point assez rapproché; prenez-en un autre à la gauche, et faites passer un cercle par ces trois points; le rayon du cercle sera le rayon cherché, parce que l'arc de cercle s'approchera d'autant plus de se confondre avec la courbe, que les points auront été pris plus près du point donné.

Le calcul donnerait, sans aucun doute, une grande exactitude, mais dans la pratique on parvient à une approximation suffisante lorsqu'on a besoin de connaître la force centrifuge.

163. *Trouver la vitesse d'un mobile qui se meut librement sur une courbe donnée, située dans un plan vertical.*

Si je considère une courbe comme un polygone d'une infinité de côtés infiniment petits, la question revient à trouver la vitesse acquise par le mobile, parcourant, sans perdre de vitesse, les côtés AB, BC, CD, DE, etc., d'un polygone (fig. 68) situé dans un plan vertical.

Je mène les verticales AL, BI, CM, DN, etc., et les lignes horizontales BR, CG, DH, EL, etc. En descendant librement sur la ligne inclinée AB, le mobile acquiert une vitesse égale à celle qu'il aurait, s'il était tombé librement de toute la hauteur AF (n° 143); conservant cette vitesse, et descendant sur la ligne inclinée BC, il augmentera sa vitesse de toute celle qu'il acquerrait en tombant de la hauteur BI, comme s'il eût continué de descendre de F en G; par conséquent, arrivé au point C, il aura la même vitesse que s'il était tombé de toute la hauteur AG. Conservant toujours la vitesse acquise, et parcourant la ligne inclinée CD, le mobile augmentera sa vitesse de toute celle qu'il acquerrait en tombant librement de C en M, comme il l'aurait augmentée en continuant de descendre de G en H; donc, lorsqu'il arrivera au point D, il aura une vitesse égale à celle qu'il aurait s'il était tombé de toute la hauteur AH; ainsi de suite.

Donc, quels que soient le nombre et la longueur des côtés du polygone, le mobile acquerra, en parcourant les côtés d'un polygone situé dans un plan vertical, une vitesse égale à celle qu'il aurait, s'il tombait librement de toute la hauteur verticale comprise entre deux lignes horizontales, menées par les points de départ et d'arrivée. Sa vitesse sera la même que s'il avait parcouru une ligne droite inclinée quelconque, pour arriver de l'horizontale supérieure à l'horizontale inférieure.

Ce qui vient d'être dit du polygone, s'applique mot pour mot à la courbe ABCDE, etc. (fig. 69). Donc, si un mobile descend librement le long de la courbe ABCDE, etc., il aura en E la même vitesse que s'il était tombé de toute la hauteur verticale FG, comprise entre deux lignes horizontales, AF et EG, menées par les points de départ et d'arrivée.

Après être descendu sur une courbe, si le mobile remontait sur l'autre côté de la courbe, il perdrait, en remontant, une partie de la vitesse acquise; et pour évaluer celle qui lui reste, il faudrait procéder comme on vient de le dire, et la ligne FG serait encore la hauteur dont il devrait tomber pour acquérir la vitesse qui lui reste, quand il est en E (fig. 70).

164 *. *Si deux mobiles décrivent librement deux portions de polygones semblables, situés dans un plan vertical, et dont les côtés sont également inclinés par rapport à une ligne horizontale, tracée dans ce plan, ou deux portions de courbes semblables, les temps seront entre eux comme les racines carrées des côtés homologues ou des lignes homologues. (On suppose que les côtés sont infiniment petits, ou que le mobile ne perd pas de vitesse en passant d'un côté sur le côté consécutif.)*

Soient ABCD, etc., et A′B′C′D′, etc. (fig. 71), les portions de deux polygones semblables, situés dans des plans verticaux. Supposons que les côtés homologues soient également inclinés par rapport à une ligne horizontale ou aux lignes horizontales AF et A′F′. Prolongeons les côtés BC et B′C′, jusqu'à ce que les prolongements rencontrent les lignes AF et A′F′; les triangles ABE et A′B′E′, formés de lignes droites également inclinées par rapport aux lignes horizontales AF et A′F′, ont leurs côtés respectivement parallèles, ils sont donc semblables; et parce que les portions de polygones sont semblables, nous avons ces rapports égaux AB : A′B′ :: BC : B′C′ :: BE : B′E′ :: CE : C′E′, etc. (Le rapport CE : C′E′ se tire des deux rapports BE : B′E′ :: BC : B′C′, par l'addition des antécédents et des conséquents.)

Deux mobiles descendant, l'un de A vers B, et l'autre de A′ en B′, emploieront des temps qui seront entre eux $:: \sqrt{\overline{AB}} : \sqrt{\overline{A'B'}}$, puisque ces lignes sont également inclinées par rapport aux lignes horizontales AF et A′F′ (n° 134). Arrivés en B et en B′, ils auront une vitesse égale à celle qu'ils auraient s'ils étaient descendus de E en B, et de E′ en B′ (n° 163). Si nous nommons T et T′ les temps employés, nous aurions (n° 134) $T : T' :: \sqrt{\overline{BE}} : \sqrt{\overline{B'E'}} :: \sqrt{\overline{AB}} : \sqrt{\overline{A'B'}}$. S'ils continuent leur route et qu'ils arrivent, l'un en C, et l'autre en C′, les temps employés à parcourir CE et C′E′, étant désignés par t et t', nous donneront $t : t' :: \sqrt{\overline{AB}} : \sqrt{\overline{A'B'}}$. Donc nous aurons $T : t :: T' : t'$ ou $T - t : T' - t' :: T : T'$. La différence des temps qu'ils emploient à parcourir CE et BE, C′E′ et B′E′ sera encore dans le même rapport. Cette différence étant le temps de la descente par BC et B′C′, il est démontré que les temps de la descente par BC et B′C′ sont entre eux $:: \sqrt{\overline{AB}} : \sqrt{\overline{A'B'}}$, ou si l'on veut $:: \sqrt{\overline{AB+BC}} : \sqrt{\overline{A'B'+B'C'}}$.

On prouverait de la même manière que les temps de la descente par CD et C′D′ sont encore dans le même rapport ; puisqu'en prolongeant CD et C′D′ jusqu'en F et F′, on aurait deux triangles semblables, FEC et F′E′C′, et les mêmes rapports entre les lignes et entre les temps.

Donc si deux mobiles, etc.

Si on supposait que les polygones fussent deux portions de courbes semblables, comme deux arcs de cercle d'un égal nombre de degrés, en les considérant comme des polygones d'une infinité de côtés infiniment petits, on aurait démontré, par ce qui précède, que les temps de la descente des deux mobiles qui parcourraient librement ces portions de courbes, en partant du repos, sont entre eux comme les racines carrées des rayons, proportionnels aux arcs.

Les vitesses, étant comme les temps, seront aussi dans le même rapport.

DU CHOC DES CORPS.

Jusqu'ici, nous avons regardé les corps mis en mouvement comme des points matériels, ou plutôt comme réduits, en quelque sorte, à leur centre de gravité, et nous avons fait abstraction de la forme du corps, qui ne permet pas toujours au corps de prendre la direction de la force d'impulsion.

165. Lorsqu'une force agit sur un corps, suivant une direction perpendiculaire à la surface, elle conserve toute son action pour imprimer un mouvement de translation à la partie du corps choquée ou pressée. Mais quand la direction de la force rencontre obliquement la surface, la quantité de mouvement se décompose en deux autres, l'une perpendiculaire à la surface, et l'autre est

l'action d'une force agissant suivant une droite tangente à la surface. La première agit sur la partie du corps choquée ou pressée, pour lui imprimer un mouvement de translation, et l'autre glisse sur la surface.

Soient MN (fig. 72) la forme de la surface, et BA la direction de la force P. Par le point A, je mène AS perpendiculaire à la surface; je conçois un plan déterminé par AS et AB, et je décompose la force P en deux autres, l'une agissant suivant SA, et l'autre suivant TA, perpendiculaire à AS dans le plan SAB. La force SA exerce son action sur la partie A du corps, choquée ou pressée, et l'autre glisse sur la surface, et ne produit aucun effet pour le mouvement de translation de la partie A du corps.

166. *Si la direction d'une force perpendiculaire à la surface d'un corps ne passe pas par le centre de gravité du corps, la force produira deux effets : par l'un, le centre de gravité sera transporté, comme si la force y était immédiatement appliquée, et par l'autre, le corps tournera autour du centre de gravité, comme si ce point était fixe.*

Soit P la force qui agit au point A, perpendiculairement à la surface du corps M (fig. 73), et dont la direction AB ne passe pas par le centre de gravité G. Je prolonge la direction de cette force vers B. Du centre de gravité, j'abaisse sur la direction de la force la perpendiculaire GB, que je prolonge vers C de la quantité GC = GB. Au point G, j'applique une force P′ égale et parallèle à P, et agissant dans le même sens; ensuite j'applique aux deux points B et C deux forces Q et Q′, parallèles à la force P, égales chacune à 1/2 P et agissant en sens contraire à la force donnée. Les deux forces Q et Q′, parallèles et égales, ont une résultante égale à leur somme, et passant par le point G, milieu de BC. Cette résultante fait équilibre à la force P′, qui lui est directement opposée ; ainsi les trois forces P′, Q et Q′ ne changent rien à l'action de la force P, et les quatre forces P, P′, Q et Q′ ne produisent d'autre effet que celui qui résulte de la force P. Si je considère les deux forces P et Q, je vois que Q, égal à 1/2 P, détruit la moitié de la force P, puisque ces deux forces agissent en sens contraire suivant la même droite. Il ne reste plus que les trois forces 1/2 P, Q′ et P′. Les deux premières, parallèles et égales, agissant en sens contraire sur les points B et C, situés à égale distance du centre de gravité, feront tourner le corps autour de ce centre, comme si ce point était fixe, et la force P′, appliquée au centre de gravité, lui imprimera sa quantité de mouvement et le pressera ou le choquera, comme un point matériel, dans le sens de sa direction.

Donc, si la direction d'une force, etc.

167. Pendant que le corps tourne autour du centre de gravité, ses divers points matériels ont des vitesses différentes; il en est qui ne tournent pas : ils appartiennent à l'*axe de rotation*, ligne autour de laquelle s'exécute le mouvement. Quelquefois cette ligne change à chaque instant, et il en résulte des difficultés pour assigner la position des points du corps. Nous n'en parlerons

pas; les machines employées dans l'industrie n'exigent pas ces connaissances. Le mouvement de rotation engendre des forces centrifuges dans chaque molécule du corps. Si elles n'étaient pas retenues par la force de cohésion, elles se sépareraient.

168. En traitant du choc des corps, nous ne considèrerons que des corps sphériques, supposés également denses dans toutes leurs parties; le centre de figure sera le centre de gravité.

Nous appellerons *force motrice* le produit de la masse d'un corps, multipliée par la force accélératrice dont il est animé. Connaissant la force motrice, on aura la force accélératrice, en divisant la force motrice par la masse; ce doit être ainsi, puisque la force accélératrice se rapporte à l'unité de masse.

Nous nommerons *corps durs* ceux qui ne changent pas de figure, quelle que soit la force qui agisse sur eux, ou quelle que soit la compression qu'on puisse leur faire éprouver; et nous appellerons *corps élastiques* ceux qui, changeant de figure par la compression, reprennent leur première forme dès que la force comprimante cesse d'agir. Quelquefois la figure change en même temps que le volume.

On appelle *choc* ou *percussion* l'action d'un corps qui vient en frapper un autre. Le choc est appelé *direct*, lorsque les centres de gravité des deux corps sont sur la ligne droite qu'ils décrivent au moment du choc, et *oblique* dans le cas contraire.

Le choc ou la percussion transmet du mouvement à un corps dans un temps si court qu'il ne peut être mesuré; cependant cette communication de mouvement exige une certaine durée pour passer de la partie choquée dans celles qui en sont plus ou moins éloignées. Par la durée plus ou moins longue, on explique pourquoi une balle perce une vitre sans la casser, quand sa vitesse est très-grande; et pourquoi elle la brise, quand sa vitesse est petite.

169. *Qu'arrive-t-il à un corps dur et sphérique qui, dans son mouvement, rencontre un plan dur et inébranlable?*

Je supposerai d'abord que le mobile, au moment du choc, suive une ligne perpendiculaire au plan donné. La force qui l'anime s'anéantira par le choc, puisque le plan est dur et inébranlable, et parce qu'il n'y a aucune autre force qui agisse sur le mobile; il n'existe aucune raison pour faire reculer le corps ou lui faire prendre une direction plutôt qu'une autre; il restera appliqué au plan.

Si le mobile suit une ligne oblique, par rapport au plan donné, au moment du choc, on peut concevoir la force dont le corps est animé, décomposée en deux autres, l'une parallèle au plan, et l'autre perpendiculaire. Cette dernière force, agissant contre le plan, sera détruite, puisque le plan est dur et inébranlable; la force parallèle au plan sera tout entière employée à mouvoir le corps. En vertu de cette force, le corps se mouvra sur le plan donné, avec une vitesse et suivant une direction que le parallélogramme des forces fera connaître.

170. *Choc direct de deux corps durs et sphériques.*

Premier cas. — *Lorsque les forces sont égales et que les sorps vont au-devant l'un de l'autre ou en sens contraire.*

Les forces étant égales, la quantité de mouvement du corps A est égale à la quantité de mouvement du corps B (fig. 74). Si je nomme M la masse de A; V, sa vitesse; M′, la masse de B, et V′, sa vitesse, j'aurai $MV = M'V'$. Au moment du choc, je suppose A et B juxtaposés, et recevant chacun l'impulsion qui leur avait été donnée; puisqu'un corps en mouvement est toujours dans le même état que si la force venait de lui être immédiatement appliquée. Les quantités de mouvement étant égales et opposées, il y a nécessairement équilibre. Donc, lorsque deux corps durs et sphériques, allant au-devant l'un de l'autre, se choquent directement, il y a équilibre, si l'on a $MV = M'V'$, ou si les vitesses sont en raison inverse des masses.

Deuxième cas. — *Lorsque les corps vont au-devant l'un de l'autre et que les quantités de mouvement sont inégales.*

Je suppose que MV, quantité de mouvement de A, soit plus grande que M′V′, quantité de mouvement de B, et qu'au moment du choc ces corps sont juxtaposés et reçoivent dans des sens opposés, A, la quantité de mouvement MV, et B, la quantité de mouvement M′V′; celle-ci réduira évidemment MV à $MV - M'V'$, et cette force réduite, agissant sur les deux corps, leur imprimera une vitesse commune égale à $\dfrac{MV - M'V'}{M + M'}$. A et B iront de compagnie et dans le sens du corps qui avait la plus grande quantité de mouvement.

Si B avait été en repos, il est clair qu'en raisonnant comme je viens de le faire, j'aurais eu, pour la vitesse commune après le choc, $\dfrac{MV}{M + M'}$.

Troisième cas. — *Lorsque les deux corps vont dans le même sens.*

En conservant les dénominations précédentes, et en supposant que la vitesse V soit plus grande que la vitesse V′, et que B précède A, je vois que A rencontrera B; qu'au moment du choc, B augmentera de vitesse et A en perdra, jusqu'à ce que ces deux corps n'exercent plus d'action l'un sur l'autre; alors ils auront la même vitesse et iront de compagnie. Ce changement s'opère dans un temps si court, que je puis les supposer juxtaposés au moment du choc, et recevant à l'instant l'impulsion des deux forces réunies. La quantité de mouvement qu'ils auront en commun sera égale à $MV + M'V'$, et par conséquent la vitesse aura pour expression le quotient de $MV + M'V'$, divisé par la somme $M + M'$ des masses.

Dans le choc, une sphère a gagné en force ce que l'autre a perdu, et il n'y a aucune perte de force; car la quantité de mouvement est la même, puisque pour avoir la force, il faudrait multiplier la vitesse par la somme des masses M+M′, ce qui revient à

$$\frac{MV + M'V'}{M + M'} \times (M + M') = MV + M'V'.$$

170. *Une sphère est en mouvement sur une droite qui ne passe pas par le centre d'une sphère en repos ; dire s'il y aura un choc, et dans le cas où il aurait lieu, assigner la direction du mouvement des deux sphères après le choc, et déterminer la vitesse de chacune.*

Conservons les dénominations précédentes, et soient A (fig. 75) la sphère en mouvement, B la sphère en repos, et DE la droite sur laquelle se meut le centre de A. Prenons pour le plan de la figure celui qui passe par C′, centre de B, et par la droite DE, et souvenons-nous que lorsque deux cercles se touchent, les centres et les points de contact sont en ligne droite, et qu'il en est de même de deux sphères.

Du point C′ comme centre, et avec un rayon égal à la somme des rayons des deux sphères, décrivons un arc de cercle CI. S'il coupe la droite DE, il y aura choc ; s'il la touche, il n'y aura qu'un simple contact ; et s'il ne la rencontre pas, il n'y aura ni choc ni contact. L'arc CI coupant en C la droite CE, il y aura choc lorsque le centre de A sera en C. Tirons CC′, le point H sera celui où la sphère B sera frappée. A l'instant du choc, décomposons la quantité de mouvement de A en deux autres, l'une suivant FC, prolongement de C′C, et l'autre suivant GC, perpendiculaire à CC′ et parallèle à la tangente HK. Les deux sphères étant juxtaposées, appliquons les deux forces composantes. La force qui agit suivant FC, représentée par MV, M étant la masse de A, et V sa vitesse suivant FC, exercera son action sur les masses de A et de B, et leur transmettra sa quantité de mouvement MV, et ensuite elles auront sur CC′ une vitesse représentée par $\frac{MV}{M + M'}$. Avec cette vitesse, B s'avancera vers *u*, sur la direction CC′. A se trouvera soumis à deux forces : l'une représentée par CG, et l'autre par TC, partie de FC conservée par A, que nous déterminerons par cette proportion M+M′ : M :: FC : *x*, quatrième proportionnelle donnée par la construction suivante.

CL fait avec CF un angle quelconque, CR et RS sont proportionnelles aux masses M et M′, et RT est parallèle à SF. Construisons le parallélogramme CTXG, la diagonale, prolongée vers Z, sera la direction de A, qui se mouvra avec une vitesse égale à XC divisée par M.

Dans le cas d'un simple contact, B resterait en place, A toucherait B en H, suivant la tangente KH.

On voit ce qu'il y aurait à faire si A et B, mises en mouvement, se choquaient. Les deux sphères changeraient de direction, et les vitesses ne seraient pas toujours les mêmes. Cependant la somme des quantités de mouvement, avant et après le choc, n'éprouverait aucune diminution : ce que l'une des sphères aurait perdu, l'autre l'aurait gagné.

171. *Deux sphères de même rayon sont données par leur rayon et par la position de leur centre sur un plan horizontal; frapper l'une des deux pour qu'elle aille choquer l'autre et la pousser sur une ligne donnée.*

Soient A et B (fig. 76) les deux sphères en repos, et CD la direction que doit prendre B après le choc. Je prolonge DC vers E, je prends CE égale à la somme des deux rayons, et joignant le point E au centre F de la sphère A , EF sera la direction qu'il faudra donner à A pour faire cheminer B sur la ligne CD.

172. *Le libre débandement d'un ressort produit une force accélératrice variable.*

Pour se convaincre de cette vérité, il faut examiner ce qui se passe quand on bande un ressort. Soit AB une lame élastique placée de champ sur le plan de la figure 77, solidement fixée en A. J'observe que pour amener le point B de 0 à 1, il faut employer une certaine force ; que pour l'amener de 1 à 2 , il faut employer une plus grande force que celle qui a été employée pour l'amener de 0 à 1 ; que pour l'amener de 2 à 3, il faut augmenter la force qui l'avait amené de 1 à 2 , ainsi de suite. Par le débandement, le point B, agissant sur un mobile, exercerait rapidement son action et le presserait, en développant successivement les degrés de la force qu'il avait acquise. Ces degrés de force s'ajouteraient aux degrés de force qu'avait la lame au commencement du débandement, et augmenteraient sa force élastique; mais parce que les degrés de force vont diminuant en descendant de 7 à 0, il est clair que la force ne variera pas uniformément, et que son augmentation croîtra par degrés de plus en plus petits; qu'arrivant au point 0, elle passera du côté opposé, en vertu de la vitesse acquise, pour s'éloigner du point 0 d'une quantité presque égale à celle dont elle avait été primitivement écartée. Ce ne sera qu'après un très-grand nombre de vibrations qu'elle reviendra au repos. Ces vibrations sont si rapides que, dans les cordes sonores, le nombre, dans une seconde, surpasse plusieurs milliers.

173. *Qu'arrivera-t-il à une sphère élastique qui vient perpendiculairement frapper un plan dur et inébranlable?*

Lorsque la sphère élastique rencontre le plan, les parties les plus voisines du plan, trouvant une résistance, perdent leur vitesse, et les autres, en vertu du mouvement dont elles sont animées, se rapprochent du plan, font refouler vers le centre les parties en contact avec le plan, et exercent ainsi une compression qui aplatit le globe dans le sens du diamètre perpendiculaire au plan. Cet état du corps va croissant jusqu'à ce que le mouvement de toutes les parties soit détruit. La compression qui s'est opérée cessant d'avoir lieu, la force élastique du corps se déploie pour faire reprendre à la sphère sa première forme, et elle exerce contre le plan une pression égale à la résistance qu'il avait opposée, à cause de l'élasticité parfaite dont, par hypothèse, est douée la sphère. Donc le plan est repoussé par la sphère ou elle en est repoussée, puisque le plan est inébranlable, avec une force égale et directement opposée à celle de la compression ; et comme la compression s'est opérée par la destruction successive du mouvement du corps, la répulsion, qui s'effectue de la même manière, sera donc égale à la force dont la sphère était animée au moment du choc ; par conséquent la sphère reculera, en suivant la même direction, avec une vitesse égale à celle qu'elle avait.

174. *Qu'arrive-t-il à une sphère élastique qui choque obliquement un plan dur et inébranlable ?*

Au moment du choc, je conçois le mobile soumis à l'action de deux forces exerçant leur action, l'une parallèlement, et l'autre perpendiculairement au plan. Dans le choc, la force parallèle au plan n'a pas été altérée, elle conserve sa grandeur et sa direction. Après le choc, la force perpendiculaire a pris une direction opposée, mais elle est restée de même grandeur (n° 173), de sorte que le corps obéit toujours à deux forces, l'une parallèle au plan, et l'autre repoussant le corps perpendiculairement au plan. Le corps s'éloignera donc du plan comme il s'en était approché ; mais en suivant une autre direction.

175. On appelle *angle d'incidence* celui que fait la direction du mobile avec la perpendiculaire à la surface, menée par le point où la direction du mouvement la rencontre ; et *angle de réflexion* celui que fait avec la même perpendiculaire, la ligne droite que suit le mobile après la réflexion.

176. *L'angle de réflexion est égal à l'angle d'incidence, lorsqu'une sphère élastique choque obliquement un plan dur et inébranlable.*

Soit MN le plan représenté par son intersection avec le plan de la figure 78, sur laquelle est BA, direction du mouvement, et soit AD la perpendiculaire au plan. Je décompose la force du mobile en deux autres, l'une dA, et l'autre fA, suivant DA. Après le choc, la force qui agissait suivant MA subsiste telle qu'elle était avant le choc, et la force qui poussait le mobile vers le plan, l'en éloigne maintenant suivant AD avec la même intensité. La résultante AC des deux forces après le choc, fera le même angle avec ses composantes Af et Aa, puisque les composantes sont les mêmes ; donc l'angle de réflexion CAD est égal à l'angle d'incidence BAD.

177. *Choc direct de deux corps élastiques.*

1° Soient A et B les deux sphères élastiques de même rayon. A, en mouvement sur la ligne CD (fig. 79), vient choquer B, qui est en repos ; trouver la vitesse et le sens du mouvement après le choc.

Quoique le choc s'opère dans un temps si court qu'on ne peut le mesurer, cela n'empêche pas que, par la pensée, on ne puisse le considérer comme composé de plusieurs parties sans impliquer contradiction. Nous dirons donc : Au commencement du choc, A presse B qui résiste, les deux sphères s'aplatissent, les ressorts se tendent avec des forces égales, jusqu'à ce que A et B aient une vitesse commune, et tout se passe de la même manière que dans le choc des corps durs ; la vitesse commune sera donc facile à déterminer. A cet instant du choc, la compression cesse, les ressorts se débandent et exercent contre les centres des sphères, et dans des sens opposés, des efforts égaux à ceux par lesquels ils avaient été comprimés. La vitesse de B augmentera d'une quantité égale à celle qu'elle avait gagnée, et la vitesse de A diminuera d'une quantité égale à celle qu'elle avait perdue.

Prenons des cas particuliers (les commençants devront, dans les applications, répéter le raisonnement qui précède, afin que ce principe général soit parfaitement compris). Soient 8 la vitesse de A, sa masse 7 ainsi que celle de B. Après la compression, la vitesse de A et de B sera $\dfrac{7 \times 8}{7+7}$ $\dfrac{56}{14} = 4$. B a gagné une vitesse égale à 4, et A a perdu la vitesse 4. Par le débandement des ressorts, B gagnera encore 4 en vitesse, et A en perdra encore 4. B, après le choc, aura 8 pour vitesse, et A, qui a perdu en tout une vitesse égale à 8, précisément celle qu'il avait avant le choc, restera en repos.

Soient 10 la vitesse de A, 18 sa masse, et 12 la masse de B. La vitesse commune, après la compression, sera $\dfrac{10 \times 18}{18+12} = \dfrac{180}{30} = 6$.

B a gagné une vitesse égale à 6, et A a perdu une vitesse égale à $10-6=4$. Par les débandements des ressorts, B gagnera encore 6, et A perdra encore 4. Donc, après le choc, B aura 12 pour vitesse, et A en aura encore 2 ; ils iront tous deux dans le sens de CD.

Soient 15 la vitesse de A, 4 sa masse, et 8 la masse de B. La vitesse commune, après la compression, sera $\dfrac{4 \times 15}{4+8} = \dfrac{60}{12} = 5$.

Après la compression, B a gagné une vitesse égale à 5, et A a perdu $15-5=10$. Par le débandement des ressorts, B gagnera une vitesse égale à 5, et A perdra encore 10. Donc, après le choc, B aura pour vitesse 10, et A, qui a reçu en sens contraire à son mouvement une vitesse égale à 20, reculera nécessairement avec une vitesse égale à $20-15=5$.

Il suit de ce qui précède que, si plusieurs sphères élastiques, A, B, C, D, E (fig. 80), ont des masses égales et leur centre sur la même ligne FG, la dernière sphère E partira avec la vitesse de A, lorsque A viendra choquer B. En effet, A communique sa vitesse à B et reste en repos, calcul précédent ; de même B communique sa vitesse à C et reste en repos ; ainsi de suite.

2° *A et B* (fig. 79) *s'avancent vers* D *sur la ligne* CD, *la vitesse de* A *est plus grande que celle de* B ; *trouver la vitesse après le choc, et dans quel sens ces deux sphères élastiques exécuteront leur mouvement.*

Soient, pour exemple, 10 la vitesse de A, 12 sa masse, 4 la vi-

...tesse de B , et 6 sa masse. Après la compression , la vitesse commune serait $\dfrac{10 \times 12 + 4 \times 6}{12 + 6} = \dfrac{144}{18} = 8$. B a gagné une vitesse égale à 8 — 4 = 4, et A a perdu 10 — 8 = 2. Par le débandement des ressorts, B en gagnera encore 4, et A en perdra encore 2. Donc, après le choc, B aura pour vitesse 4 + 8 = 12, et A conservera 10 — 4 = 6. Les deux sphères iront toujours dans le même sens.

La sphère A ne reculera que dans le cas où le double de la vitesse perdue après la compression excèderait la vitesse qu'avait cette sphère, qui resterait en repos, si ce double égalait la vitesse dont elle était animée avant le choc.

Voici la règle à suivre pour tous les cas semblables : *Cherchez la vitesse commune qu'auraient les corps s'ils étaient sans ressort; du double de cette vitesse, retranchez celle de B , le reste sera la vitesse de cette sphère. Retranchez ce double de la vitesse de A, vous aurez celle qui reste à cette sphère.*

Si, par rapport à A, la soustraction donne 0 pour reste, A demeurera en repos; si la soustraction ne peut être effectuée, du double de la vitesse commune retranchez celle de A , le reste indiquera la vitesse avec laquelle A reculera.

3° Supposons que deux sphères élastiques, A et B, ayant des masses et des vitesses connues, vont au-devant l'une de l'autre en suivant la ligne CD; trouver après le choc la direction et la vitesse de ces deux corps.

Au commencement de la rencontre, A et B se pressent mutuellement, les sphères s'aplatissent, et les ressorts se tendent avec des forces égales, jusqu'à ce que la plus petite quantité de mouvement, celle de B par exemple, soit vaincue, et que les deux sphères aient une vitesse commune. Tout s'est passé comme dans le choc des corps durs, et la vitesse commune, après la compression, sera facile à déterminer: B a perdu la vitesse dont il était animé, et il a gagné en sens contraire la vitesse commune. Son ressort s'est tendu, 1° par une force capable d'anéantir sa vitesse; 2° par la force qui lui a donné la vitesse commune, de manière qu'il lui rendra, par le débandement: 1° une vitesse égale à celle qu'il a perdue, 2° une vitesse égale à la vitesse commune ; il se dirigera donc vers D avec la vitesse qu'il a perdue, plus deux fois la vitesse commune. Quant à la sphère A, elle a perdu : 1° par la tension de son ressort, une vitesse représentée par la différence entre la vitesse commune et sa vitesse avant la rencontre; 2° par le débandement du même ressort une quantité égale à la première perte ; de sorte que, pour avoir la vitesse de A , il faut chercher sa vitesse perdue, comme si ces deux corps étaient durs, doubler cette perte, et retrancher ce double de la vitesse avant la rencontre. Si la soustraction peut s'effectuer, le corps A ira vers D ; si elle donne 0 pour reste, A s'arrêtera ; si elle ne peut avoir lieu, il faut retrancher du double de la vitesse perdue la vitesse que A avait avant la rencontre. Il reculera avec une vitesse égale à la différence trouvée.

Exemple. 5 est la masse de A, 6 sa vitesse; 7 est la masse de B, 2 sa vitesse. S'ils étaient des corps durs, la vitesse, après le choc, serait (n° 169) $\frac{5 \times 6 - 7 \times 2}{7 + 5} = \frac{16}{12} = 1\ 1/3$. La vitesse de B égalerait $2 + 1\ 1/3 + 1\ 1/3 = 4\ 2/3$, il irait vers D. A a perdu $6 - 1\ 1/3 = 4\ 2/3$, le double de cette perte est $9\ 1/3$, qui ne peut être retranchée de la vitesse 6 qu'il avait avant le choc; donc il reculera avec la vitesse $9\ 1/3 - 6 = 3\ 1/3$.

Si les masses des deux sphères étaient égales, elles reculeraient toutes deux et auraient changé de vitesse.

177. *Choc oblique des corps élastiques.*

Prenons toujours deux sphères A et B, et procédons comme si ces corps étaient durs. Supposons d'abord que B est en repos, et que le plan de là figure passe par les centres des sphères et par la droite CF (fig. 81) que décrit le centre C de A dans son mouvement. A l'instant de la rencontre des deux corps, concevons A comme animé de deux vitesses, l'une suivant HI, ligne des centres, et l'autre AD, perpendiculaire à HI (le point H sera trouvé comme on l'a fait au n° 170). Cela posé, cherchons, au moyen de ce qui précède, quelle serait la vitesse de A sur HI après le choc, et composons cette vitesse avec celle qui avait lieu suivant DH, et nous aurons la direction et la vitesse de A après le choc.

La direction de B est donnée par HI, et sa vitesse résultera du calcul ou de la construction qui sera faite pour A; elle sera égale à deux fois la vitesse commune.

Après avoir trouvé la vitesse qui reste à la sphère A, soit qu'elle avance ou qu'elle recule, il faudra la composer avec celle qui avait lieu suivant DA, pour avoir la direction du mouvement de cette sphère.

On procéderait comme pour les corps durs, si B était en mouvement à l'instant du choc, ensuite on aurait égard au débandement des ressorts.

Il suffit à notre objet d'avoir indiqué comment on parviendrait à résoudre ces sortes de problèmes, qui ne se présentent guère dans les applications de la mécanique aux arts industriels.

178. *Remarque sur le choc des corps.*

Dans la réalité, il n'y a point de corps ni parfaitement durs ni parfaitement élastiques, pas plus que des corps parfaitement mous; ils ont tous plus ou moins de dureté, plus ou moins d'élasticité, et à mesure qu'ils se rapprocheront de ceux que nous avons considérés, les résultats obtenus s'y appliqueront avec plus ou moins d'exactitude.

DU MOUVEMENT DE ROTATION AUTOUR D'UN AXE FIXE.

179. Nous avons vu (n° 154) que pour avoir la vitesse d'un mobile qui décrit une circonférence, il faut diviser cette circonférence par le temps employé à la décrire; que, par conséquent, si des mobiles décrivent dans le même temps des circonférences ayant pour rayon 1, 2, 3, etc., les vitesses seront doubles, triples, etc., de celle du mobile qui décrit la circonférence dont le rayon est 1 ; puisque les vitesses seraient alors comme les circonférences décrites, et que les circonférences sont comme les rayons. Si nous connaissions la vitesse du point situé à la distance 1 de l'axe, nous aurions celle de tout autre point en multipliant cette vitesse par le rayon de la circonférence que ce point décrit.

Nous appellerons *vitesse angulaire* celle du point situé à la distance 1 de l'axe, et nous la désignerons par *u*.

180. Supposons maintenant qu'un axe perpendiculaire au plan de la figure 82 y soit projeté au point C ; qu'un point matériel *m* tienne à l'axe par une droite C*m*, rigide, inextensible et sans pesanteur ; et que ce point reçoive une impulsion de la force P, agissant suivant la droite A*m*, située sur le plan de la figure, ainsi que le point *m* et la droite qui le lie à l'axe. Il s'agit de trouver sa vitesse angulaire.

Le point *m*, sollicité par la force P, agissant suivant la direction A*m*, n'obéira pas comme s'il était libre ; il sera retenu par l'axe, et il décrira une circonférence ; il prendra donc une direction perpendiculaire à C*m*. Le mouvement qu'il prend est, au moment du choc, le résultat de deux forces, l'une P, qui choque ou presse, et l'autre la résistance de l'axe, laquelle tire ou pousse vers le point C. Connaissant P, l'une des composantes, la direction de l'autre composante et celle de la résultante, il y a deux moyens de trouver les deux autres forces.

1° Si l'on décompose la force P en deux autres, l'une agissant suivant C*m*, et l'autre suivant B*m*, perpendiculaire à C*m*, la première sera détruite par la résistance de l'axe, et l'autre produira seule le mouvement du point matériel.

2° Si l'on suppose que la résistance de l'axe soit une force qui attire à elle le point matériel *m*, on prolongera la droite C*m* vers E. Prenant toujours A*m* pour représenter la force P, on mènera AB parallèle à C*m*, et par le point B on tirera BE, et l'on aura E*m* pour la force qui pousse le point matériel vers C, et B*m* pour la résultante.

Le parallélogramme des forces donne la résultante quand les deux composantes poussent toutes deux à la fois le point matériel ou le tirent toutes deux à la fois ; c'est pour cela qu'il a fallu prolonger C*m* pour avoir une force qui poussât *m* comme la force P.

Venons actuellement à la détermination de la vitesse angulaire, et observons que si *u* est la vitesse à l'unité de distance, la vitesse de *m* sera $u \times r$, *r* étant égal à C*m*. La force dont est animé le point *m* est $u \times r \times m$, ou pour simplifier, *urm* sans signe interposé (les signes ne sont pas indispensables, les facteurs ne peuvent se confondre). La force P n'a produit d'autre effet que la force *urm* ; il est clair que si nous appliquions au point *m* et en sens contraire au mouvement qu'il prendra perpendiculairement au rayon C*m*, une force égale à *urm*, il n'y aurait aucun mouvement, et l'équilibre aurait lieu ; et parce que les deux forces P et *urm* dans cette position se font équilibre au moyen de l'axe, leur résultante passe par le point C, et les moments de ces deux forces, pris par rapport au point C, sont égaux. Abaissons du point C la perpendiculaire CD (fig. 83) sur la direction de la force P ; le moment de cette force sera P $\times$ CD ; celui de la force umr sera $umr \times r$

ou umr^2 et nous aurons $umr^2 = $ P $\times$ CD, d'où $u = \dfrac{\text{P} \times \text{CD}}{mr^2}$.

La question est résolue. La vitesse du point m est ur, et la force urm est connue.

Pour appliquer cette solution à un exemple où les quantités soient des nombres, admettons que P est une force qui imprime une vitesse de 3^m par seconde à un poids de 4^{kg} ; P vaut $3 \times 4 = 12$; que CD $= 2$, $r = 2^m,5$, et que m pèse 2^{kg}, le moment de P sera $12 \times 2 = 24$; $r^2 = 6^m,25$, et $mr^2 = 12^m,50$, nous trouverons que

$$u = \frac{24^m}{12,5} = 1^m,92.$$ La vitesse de m sera $ru = 1^m,92 \times 2,5 = 4^m,70$.

La force de m qui est $urm = 1^m,92 \times 2^{kg},25 \times 2,5 = 9^m,6$.

181. Aux données de la question précédente, ajoutons un autre point matériel m', tenant à l'axe par une droite r', également situé sur le plan de la figure 83.

L'impulsion donnée au point m mettra aussi en mouvement le point matériel m', qui décrira une circonférence dont le rayon est r'. La vitesse autour de l'axe changera, u n'aura pas la même valeur ; mais si nous désignons toujours par u la vitesse angulaire que prendra le système autour de l'axe, la vitesse de m sera ur, celle de m' sera ur', et la force de m sera urm ; celle de m', $ur'm'$. Si maintenant nous appliquons aux points m et m' et respectivement les deux forces urm, $ur'm'$, agissant en sens contraire au mouvement, l'effet de la force P sera anéanti, il y aura équilibre au moyen de l'axe par lequel passe nécessairement la résultante des trois forces (n° 48) ; par conséquent, les moments, pris par rapport au point C, nous donneront cette relation :

$$\text{P} \times \text{CD} = umr^2 + um'r'^2 = u\,(mr^2 + m'r'^2),$$

d'où nous tirons :
$$u = \frac{\text{P} \times \text{CD}}{mr^2 + m'r'^2}.$$

Les considérations précédentes nous ont conduits à la valeur de la vitesse angulaire.

182. Étendons la manière de trouver la vitesse angulaire au cas où il y aurait un plus grand nombre de points matériels. Supposons qu'il y a, sur le plan de la figure 84, trois points matériels m, m' et m'', sollicités par les trois forces P, P' et P'', et cherchons la vitesse angulaire qu'aura le système tournant autour de l'axe projeté ou C.

Pour simplifier cette recherche, supposons que les forces agissant sur les points matériels, leur imprimeraient les vitesses v, v' et v'', ce qui donne pour mesure des forces, P $= mv$, P' $= m'v'$,

$P'' = m''v''$; que les perpendiculaires abaissées du point C sur la direction des forces soient p, p' et p''; que les distances du point C au point matériel soient r, r' et r'', et désignons toujours par u la vitesse angulaire cherchée.

Il est évident que les points matériels, n'étant pas libres, n'obéiront pas directement aux forces qui agissent sur eux; qu'ils gagneront ou perdront en vitesse, à cause de la liaison des points matériels ou de leur dépendance de l'axe, qui les oblige à exécuter leur mouvement dans le même temps, et à avoir des vitesses proportionnelles à leur distance à l'axe ur, ur' et ur''; de sorte que la force avec laquelle se mouvra chaque point matériel, au commencement du mouvement, sera urm, $ur'm'$ et $ur''m''$. Les forces qui les sollicitent à la fois ne produiraient aucun mouvement, si, au moment de leur action, nous appliquions à chaque point matériel, dans un sens contraire au mouvement du système, des forces égales à celles dont chaque point serait animé, il y aurait équilibre au moyen de l'axe, par lequel doit nécessairement passer la résultante des six forces mv, $m'v'$, $m''v''$, urm, $ur'm'$ et $ur''m''$. Donc si nous prenons les moments des forces, par rapport au point C, il faudra que la somme des moments des forces qui tendent à faire tourner dans un sens, soit égale à la somme des moments des forces qui tendent à faire tourner en sens contraire, autour du même point C.

Suivant la disposition des forces dans la figure, les trois forces mv, $m'v'$ et $m''v''$ tendent à faire tourner dans le même sens; la somme de leurs moments sera $mvp + m'v'p' + m''v''p''$; la somme des moments des trois autres forces qui s'opposent au mouvement de rotation sera $umr^2 + um'r'^2 + um''r''^2$, il faudra donc que

$$umr^2 + um'r'^2 + um''r''^2 = mvp + m'v'p' + m''v''p''$$

ou $\quad u(mr^2 + m'r'^2 + m''r''^2) = mpv + m'v'p' + m''v''p''$,

d'où nous tirerons $\qquad u = \dfrac{mpv + m'p'v' + m''p''v''}{mr^2 + m'r'^2 + m''r''^2}$.

La vitesse angulaire étant trouvée, nous avons celle de chaque point matériel, en multipliant la vitesse angulaire par la distance du point à l'axe; sa force, en multipliant sa vitesse par sa masse.

Dans cette solution, nous avons résolu le cas général, en observant que les forces qui s'opposent au mouvement agissent toutes dans le même sens; que si parmi les forces P, P', P'', etc., il s'en trouvait qui agissent en sens contraire au mouvement que doit prendre le système, il faudrait mettre le signe — devant son moment, et le retrancher de la somme des autres moments avant de diviser par la somme des produits qui composent le dénominateur, où il n'y a jamais de signes *moins*.

Nous dirons donc en règle générale :

La vitesse angulaire d'un système de points matériels liés à un axe, autour duquel ils tournent, est égale au quotient de la somme des moments des forces instantanées qui ont imprimé ou impriment le mouvement, divisée par la somme des produits de chaque masse multipliée par le carré de sa distance à l'axe. Il est entendu qu'aucune autre force n'agit sur le système, et que les moments des forces sont pris par rapport à l'axe. Le mouvement sera uniforme.

183. La règle qui vient d'être donnée est vraie, quel que soit le nombre des points matériels, quand ils sont situés dans un même plan perpendiculaire à l'axe. Si tous les points n'étaient pas dans un même plan, on peut les y supposer et prendre pour plan des forces celui qui passe par le centre de gravité de toutes ces masses, et en même temps perpendiculaire à l'axe. Car si un point matériel M, par exemple, était hors de ce plan, la force qui lui est appliquée étant parallèle au plan, on conçoit un point matériel M' dans le plan, auquel sont appliquées deux forces égales et contraires, et en même temps parallèles et égales à celle qui agit sur M. Cette supposition ne change rien au système, si le point M' est aussi éloigné de l'axe que le point M, et qu'il ait la même masse. L'une des deux forces appliquées au point M' fera équilibre à celle qui agit hors du plan sur le point M, puisqu'elles ont des directions contraires pour faire tourner deux points égaux autour de l'axe, et qu'on ne peut rien dire de l'une qu'on ne puisse dire de l'autre, quant au mouvement de rotation qu'elles tendent à produire; donc elles se feront équilibre, et le point M pourra être considéré comme compris dans le plan, où sont les autres points matériels.

184. Si les forces qui vont agir sur les points matériels n'étaient pas dans des plans perpendiculaires à l'axe, il faudrait les décomposer en deux autres, les unes perpendiculaires et les autres parallèles à l'axe; les dernières, étant perpendiculaires au mouvement, ne changeront pas la vitesse angulaire, et il ne resterait que des forces qu'on supposerait dans le plan perpendiculaire à l'axe, et passant par le centre de gravité, les seules qui entrent dans la détermination de la vitesse angulaire du système.

185. *Ce qu'il faudrait faire, si l'on avait de petits corps liés à l'axe ou si les corps étaient d'un volume considérable.*

Lorsque les corps liés à l'axe ont des dimensions très-petites par rapport à leur distance à l'axe, on peut, dans la pratique, supposer que la masse ou le poids du corps est réuni à son centre de gravité, et considérer ce centre comme un point matériel d'une masse donnée.

Mais si le corps est d'un volume considérable, on le supposera décomposé en parties très-petites, on déterminera le centre de gravité, la masse ou le poids de chacune, et on opérera comme on vient de le dire. Cette manière de procéder conduit à des résultats suffisamment exacts pour la pratique. Il existe cependant des moyens de trouver la somme des produits des particules de certains corps, multipliées chacune par le carré de sa distance à l'axe, mais nous ne pouvons pas les exposer ici.

186. *Déterminer la percussion qu'éprouve l'axe à l'instant du choc.*

Au moment où l'on imprime au système, ou plutôt à l'instant

où les différentes masses reçoivent l'impulsion, l'axe fixe éprouve une percussion qui provient des quantités de mouvement perdues ou gagnées ; car il est évident que l'augmentation ou la diminution de la quantité de mouvement d'une masse, n'a lieu que par l'intermédiaire de l'axe, au moyen duquel cette masse tient aux autres. Pour trouver cette percussion, j'observe que si l'on imprimait à chaque masse une quantité de mouvement égale à celle qu'elle a, lorsque le système est en mouvement, et dans une direction perpendiculaire à la ligne qui réunit cette masse à l'axe, cet axe n'éprouverait aucun choc, puisque toutes les masses se mouvraient comme si elles étaient isolées. Si donc je décompose la quantité de mouvement imprimée à chaque masse en deux autres, l'une égale à celle qu'aura la masse après le choc, l'autre sera la quantité de mouvement perdue ou gagnée. Cherchant maintenant la résultante de toutes ces dernières, j'aurai la force qui agit sur l'axe, et par conséquent la percussion qu'il éprouve. Ces forces ne produisent aucun effet pour le mouvement, et ont une résultante dont le moment est nul, c'est-à-dire qu'elle passe par l'axe. Mais s'il arrivait que ces forces eussent une résultante nulle, l'axe n'éprouverait aucune percussion.

Pour montrer comment on peut procéder, je vais faire la décomposition du mouvement imprimé à m (fig. 85). Je prends sur mA une quantité égale à mv. Je mène mG perpendiculaire à mC, et je prends mG égale à mru, u étant la vitesse angulaire précédemment calculée. Je tire AG, AE parallèles à mG, et mE parallèle à AG sera la quantité de mouvement perdue ou gagnée suivant la direction du mouvement du système, par rapport au mouvement imprimé à m.

187. Force que l'axe supporte pendant le mouvement du système.

Chaque point matériel est animé d'une force centrifuge qui a pour expression le carré de sa vitesse divisé par le rayon de la circonférence qu'il décrit. La vitesse de m étant ru, son carré sera u^2r^2, lequel, divisé par le rayon r et multiplié par m, donnera $u^2r^2m : r = u^2rm$ pour la force que le point matériel m exerce sur l'axe. Chaque point matériel fournit une force qui tire l'axe dans le sens du rayon avec une intensité représentée par un produit de même forme, et l'axe est tiré par la résultante de toutes ces forces. Donc, pendant le mouvement du système, l'axe supporte l'effort des forces u^2rm, $u^2r'm'$, $u^2r''m''$, etc. La résultante passera par l'axe, puisque toutes les forces rencontrent l'axe; elle fera connaître l'effort de ces forces et la résistance que doit opposer l'axe. Si le mouvement de rotation est rapide, ou si u est fort grand, cet effort est considérable. Il faut, dans les machines, veiller à ce que la rapidité du mouvement de rotation ne détruise pas les axes.

Il y a un cas où l'axe ne supporte aucun effort provenant des forces. C'est celui où les points sont disposés symétriquement autour de l'axe et à égale distance de cet axe, s'ils sont égaux en masse. Telles sont les roues que l'on fait tourner, lorsqu'elles sont bien construites et avec des matières homogènes dans toutes leurs parties.

188. *Trouver, en grandeur et en direction, la force qui, agissant perpendiculairement à l'axe et en sens contraire au mouvement de rotation autour de l'axe, établirait l'équilibre ou détruirait le mouvement, sans que l'axe éprouvât de percussion.*

Qu'on applique, à un point du système, une force dont la direction soit comprise dans un plan perpendiculaire à l'axe qu'elle ne rencontre pas ; on verra aisément que, si cette force a son moment égal à la somme des moments des forces dont les points matériels sont animés, et qu'elle agisse en sens contraire au mouvement de rotation, il se fera un choc qui détruira le mouvement du système, puisque toutes les forces satisfont à la condition d'équilibre, dans le cas d'un axe fixe ; que la résultante de toutes les forces passe par l'axe, et que son effet est détruit par la résistance qu'il oppose. S'il arrivait que la résultante des forces, dont sont animés les points matériels, et de la force qui leur est opposée, fût nulle d'elle-même, alors l'axe ne souffrirait aucune percussion. Donc, pour trouver la grandeur et la position de la force demandée, il faut chercher une force égale et directement opposée à la résultante des forces dont les points matériels sont animés dans le mouvement uniforme du système autour de l'axe, ce qui revient à chercher cette résultante et sa position ; la force demandée devra lui être égale et directement opposée.

Pour développer la solution de la question proposée, conservons les dénominations précédentes. Nommons R la résultante cherchée, d la distance de son point d'application au point C (fig. 86), et K la distance CG du centre de gravité de tous les points matériels, et supposons que tous les points matériels soient sur une droite CM perpendiculaire à l'axe. Les quantités de mouvement ou les forces avec lesquelles se meuvent les points matériels, sont mru, $m'r'u$, $m''r''u$. Les forces perpendiculaires à CM sont à chaque instant parallèles, leur résultante égale leur somme ; donc nous aurons :

$$mru + m'r'u + m''r''u = R, \text{ ou } (mr + m'r' + m''r'') \times u = R,$$

ou encore
$$(m + m' + m'') \times K \times u = R,$$

à cause que $mr + m'r' \times m''r''$ est la somme des produits de chaque masse multipliée par sa distance au point C, et que cette somme est égale à la somme des masses multipliées par la distance du centre de gravité au même point. (En un mot, m, m', m'', sont des poids en repos ; mr, $m'r'$, $m''r''$, sont les moments de ces poids par rapport au point C, et ces moments sont égaux au moment de la somme des poids réunis au centre de gravité, distant de C de la quantité K.)

La somme des moments des forces (des points matériels en mouvement) doit égaler le moment de la résultante, et nous aurons :

$$R \times d = r \cdot mu \times r'^2 m'u \times r''m''u = (mr^2 \times m'r'_2 \times m''r''_2)u$$

nous tirons de là

$$d = \frac{(mr^2 \times m'r'_2 \times m''r''_2)\, u}{R}.$$

Remplaçant R par la valeur que nous avons obtenue plus haut, nous aurons :

$$d = \frac{(mr^2 + m'r'^2 + m''r''^2) \times u}{(m + m' + m'') \mathrm{K} \times u} = \frac{mr^2 + m'r'^2 + m''r''^2}{(m + m' + m'') \mathrm{K}}$$

La force R est donnée en grandeur et en direction, le point d'application vient d'être déterminé, le problème est résolu pour le cas particulier dont il a été question. Il suffira d'opposer R au mouvement.

On peut supprimer u dans les considérations précédentes. Cela revient à prendre des forces u fois plus petites ; on arrivera au même résultat pour d, puisque u n'y entre pas.

Ce cas particulier résout le cas général, lorsque les points matériels sont tous compris dans un plan perpendiculaire à l'axe ; puisqu'on peut regarder les forces appliquées aux points m, m', m'', etc., comme agissant directement sur la ligne qui passe par le centre de gravité de toutes les masses, pour pousser cette ligne dans le sens du mouvement, au moyen d'arcs de cercle inflexibles et sans masse.

189. *Centre de percussion.*

La force R est égale et directement opposée à la résultante de toutes les forces qui animent les points matériels m, m', m'', etc.; elle est donc l'expression du plus grand effort que puisse exercer le système dans son mouvement de rotation ; donc le point dans lequel se concentrent tous les efforts que le système, dans son mouvement, exercerait contre un obstacle, est le point d'application de la force R.

Puisque la force R détruit le mouvement du système sans que l'axe éprouve de percussion, si le système était en repos, et que la force R vînt le frapper suivant la direction assignée, tout le système prendrait un mouvement égal à celui qu'il avait, et l'axe de rotation n'éprouverait aucune percussion.

Le point d'intersection de la direction de R et de la ligne qui réunit le centre de gravité à l'axe, est appelé *centre de percussion*. C'est le point par lequel doit passer la force d'impulsion pour donner au système le plus grand mouvement, sans que l'axe éprouve de secousse. C'est aussi celui qui, dans le mouvement du système, frappe le plus fortement l'obstacle qui se présente.

190. *Trouver le centre de percussion d'une ligne droite (d'un cylindre, d'un prisme droit, d'un rectangle), qui tourne autour d'un axe passant par l'une de ses extrémités.*

Cette question paraîtrait oiseuse, si elle n'était pas donnée, par une recherche utile en mécanique, et si le lecteur lui-même, frappant avec un bâton ou un autre instrument, n'avait pas senti quelquefois à la main une secousse douloureuse, pour n'avoir pas connu dans quel point de l'instrument était la plus grande force.

Supposons donc que la ligne droite matérielle a 1^m de longueur. Partageons-la en dix parties égales ; le centre de gravité de chacune sera au milieu. Regardons ce centre de gravité comme un point matériel, pesant la 10ᵉ partie du poids de la ligne entière. Tous les points matériels seront égaux en masse ou également pesants, et leur distance à l'axe sera par ordre, 5ᶜᵐ, 15ᶜᵐ, 25ᶜᵐ .... 95ᶜᵐ. La distance du centre de gravité de toute la ligne sera à 50ᶜᵐ de l'axe. Avec ces données, prenons l'expression de la distance du centre de percussion que nous venons de trouver (nᵒ 183),

$$d = \frac{m \times 5^2 + m \times 15^2 + m \times 25^2 + \dots + m \times 95^2}{10 \times m \times K} =$$

$$\frac{m \times (5^2 + 15^2 + \dots + 95^2)}{10 \times m \times 50},$$

ou

$$d = \frac{5^2 + 15^2 + 25^2 + \dots + 95^2}{500}.$$

après avoir supprimé le facteur m, au numérateur et au dénominateur, et mis pour K sa valeur 50.

Carrons les dix nombres; ajoutons les carrés, nous trouverons pour somme 33250. Divisons cette somme par le dénominateur 500, et il viendra pour la distance cherchée 66ᶜᵐ,5.

Le calcul rigoureux donne cette distance égale aux deux tiers de la ligne droite ou, pour notre exemple, à 66ᶜᵐ,666, notre opération est en erreur de 0ᶜᵐ,166, différence insensible dans la pratique. Pour avoir une plus grande approximation, partageons la ligne droite en 20 parties égales. Les masses de chaque partie seront égales, il y aura vingt points matériels placés à 2ᶜᵐ 1/2, 7ᶜᵐ 1/2, 12ᶜᵐ 1/2 .... 97ᶜᵐ 1/2 de l'axe. Si nous prenons le demi-centimètre pour unité de longueur, les distances à l'axe seront 5, 15, 25 .... 195, et la distance du centre de gravité de la masse de toute la ligne sera 100. Avec ces données

$$d = \frac{5^2 + 15^2 + 25^2 + \dots + 195^2}{20 \times 100}.$$

Carrons les vingt nombres, ajoutons les carrés, et nous aurons à la somme 266500, laquelle divisée par 20×100 ou 2000, donnera 133.25 demi-centimètres ou 66ᶜᵐ,652. Nous approchons des 2/3 de la ligne droite, de 66,666; mais la différence est plus petite que lorsque nous avons partagé la droite en dix parties égales. La différence, étant plus petite que 15 centièmes d'un millimètre, doit être regardée comme nulle.

Remarquez que ces erreurs sont toutes en moins; que plus les parties, dans lesquelles on divise les corps, seront petites, plus on approchera de la distance du centre de percussion à l'axe de rotation; que dans la pratique, ce procédé peut au besoin remplacer le calcul direct et rigoureux, qui ne peut pas être employé pour tous les corps; que le centre de percussion est toujours plus éloigné de l'axe de rotation que le centre de gravité.

De ce qui précède, on conclut que le centre de percussion d'un cylindre est aux deux tiers de l'axe du cylindre; que celui d'un prisme droit est aux deux tiers de la droite qui joint les centres de gravité des deux bases, pourvu que ces deux solides tiennent à l'axe par l'une des extrémités de la ligne qui joint les centres de gravité des deux bases ; que celui d'un rectangle, qui tourne autour d'un de ses côtés, est aussi aux deux tiers de la ligne parallèle aux côtés, et qui divise la surface en deux parties égales.

S'il fallait enfoncer un clou avec une barre de fer prismatique, il faudrait frapper le clou par le point qui est au milieu de la face rectangulaire, et aux deux tiers, à partir de l'extrémité autour de laquelle elle tourne.

Le centre de percussion est toujours dans le fer dont on fait la tête du marteau ; aussi, c'est avec la tête du marteau qu'on frappe sans éprouver de secousse à la main qui tient le manche. Les masses, les maillets, sont aussi dans le même cas.

Pendule simple.

191. On nomme *pendule simple* un point matériel pesant, lié à un fil inextensible et sans pesanteur, et dont l'une des extrémités tient à un point fixe (fig. 88).

Oscillations.

192. Lorsque le pendule simple est livré à lui-même, le fil prend une position verticale, et le point matériel, en vertu de la pesanteur, se trouve au-dessous du point fixe. Soient A le point fixe, AB la longueur du fil, nommée *longueur du pendule*, et B le point matériel pesant. AB étant la position verticale du pendule simple, si on l'en écarte pour le placer en AC, qu'ensuite on l'abandonne à la pesanteur, le point matériel décrira un arc de cercle, et en arrivant au point B, il aura acquis une vitesse capable de lui faire décrire, du côté opposé, un arc égal à celui qu'il a parcouru ; parce qu'on peut supposer qu'il décrit librement l'arc CD, puisque le fil est sans pesanteur, et que, par hypothèse, l'air ne résiste pas. Arrivé au point D, il descend de nouveau pour s'élever jusqu'en C, et ce mouvement, ainsi continué, est ce qu'on appelle *oscillations d'un pendule*. Le temps pendant lequel le pendule décrit l'arc CD, est nommé *le temps ou la durée d'une oscillation*.

193. Les oscillations d'un pendule simple, qui décrit de petits arcs de cercle, sont sensiblement de même durée, ou autrement dit, *isochrones*.

On aperçoit la vérité de cette proposition, si l'on observe que dans le cas où le point matériel descendrait et monterait, suivant les cordes BD et BC (fig. 89), les temps employés seraient égaux, quelle que fût la longueur de la corde BD = BC, puisqu'il a été démontré que les cordes étaient parcourues dans des temps égaux.

Quand les arcs sont très-petits ils se confondent avec la corde, et la durée des oscillations ne change pas, lorsqu'on donne à l'arc un peu plus ou un peu moins d'étendue. Il ne faut pas, cependant, que l'arc ait plus de 5°. La durée des oscillations ne serait pas égale pour des arcs plus grands.

Il ne faut pas conclure, de cette observation, que la durée d'une oscillation est le double du temps que mettrait un corps à tomber d'une hauteur égale au double de la longueur du pendule ou du diamètre du cercle; il y aurait erreur, car le temps de la descente par une corde est plus long que le temps de la descente par l'arc. Ces deux durées sont entre elles comme le quart de la circonférence est au rayon. .

194. *Si deux pendules simples, de longueur différente, décrivent des arcs semblables, les temps des oscillations sont entre eux comme les racines carrées des longueurs des pendules.*

Lorsque deux pendules simples décrivent en descendant deux portions d'arc semblables, les temps employés pour la demi-oscillation sont entre eux comme la racine carrée des rayons, puisqu'on peut considérer un pendule simple comme un point matériel descendant librement sur un arc de cercle. Le fil n'oppose d'autre résistance que celle qu'opposerait l'arc lui-même. Au point le plus bas de leur course, ils ont acquis en descendant, en vertu d'un mouvement accéléré, une vitesse capable de leur faire décrire en remontant, en vertu d'un mouvement retardé, un arc égal à l'arc déjà parcouru; par conséquent, les temps pendant lesquels ils s'élèvent, sont égaux aux temps pendant lesquels ils descendent; et puisque ces derniers (n° 164) sont comme les racines carrées des rayons ou des longueurs des pendules, les temps entiers de la descente et de la montée sont aussi entre eux comme les racines carrées des longueurs des pendules.

Si nous nommons l et l' les longueurs des pendules, t et t' les temps d'une oscillation, nous aurons cette proportion :

$$t : t' :: \sqrt{l} : \sqrt{l'}, \text{ ou } t^2 : t'^2 :: l : l'.$$

195. *Les longueurs de deux pendules simples sont entre elles en raison inverse des carrés des nombres d'oscillations faites dans un même temps.*

Supposons que deux pendules simples, dont les longueurs sont l et l', aient oscillé pendant un même temps T, et que nous ayons pour l'un n oscillations, et n' pour l'autre; il est clair que la durée d'une oscillation sera égale, pour l'un, à $T : n$, et, pour l'autre, à $T : n'$. Si nous nommons t et t' les durées d'une oscillation, nous aurons $t = T : n$ et $t' = T : n$, et puisque nous avons avons $t : t' :: \sqrt{l} : \sqrt{l'}$, nous aurons :

$$\frac{T}{n} : \frac{T}{n'} :: \sqrt{l} : \sqrt{l'}, \text{ ou } n' : n :: \sqrt{l} : \sqrt{l'}, \text{ ou } n'^2 : n^2 :: l : l'.$$

196 *Comment on mesure la durée d'une oscillation d'un pendule simple.*

Le pendule simple est un instrument idéal; cependant, si l'on prend un fil métallique des plus déliés, qu'on suspende à son extrémité un corps qui, sous un petit volume, renferme beaucoup de matière, comme une balle de plomb, d'or ou de platine, et qu'on donne au fil, à partir du centre de la balle, plus d'un mètre de longueur, on aura un instrument qui approchera du pendule simple et pourra le remplacer. En écartant la balle tant soit peu de la verticale, on obtiendra à chaque oscillation des parties de temps d'égale durée. Pour avoir la valeur absolue de ces durées, il suffit de savoir que le pendule simple, qui bat les secondes sexagésimales, a une longueur égale à $0^m,993855$. Au moyen de la proportion précédente, on aura :

$$\sqrt{0^m,993855} : \sqrt{l} :: 1'' : x, \text{ ou } 0^m,993855 : l :: 1'' : x^2,$$

Tirant la racine carrée du quatrième terme, on trouvera la durée d'une oscillation.

On parvient directement à trouver la durée d'une oscillation, en faisant le calcul indiqué ici.

$$t = 3,14159 \sqrt{\frac{l}{9,8088}}$$

t est la durée d'une oscillation, l la longueur du pendule, $3,14159$ est le rapport du diamètre à la circonférence, et $9,8088$ est la vitesse qu'imprime à un mobile la pesanteur pendant une seconde.

C'était pour tout démontrer que nous avons donné la proposition n° 164, dont on pourra se passer, si l'on admet, sans démonstration, l'expression de la durée d'une oscillation, résultant d'un calcul qui ne peut trouver place dans cet ouvrage.

197. *Pendule composé.*

On appelle *pendule composé* un système de points matériels soumis à la pesanteur, et oscillant autour d'un axe horizontal, et quelquefois autour d'un point fixe, auquel tient tout le système. Ce point est nommé *point de suspension.*

Supposons que tous les points matériels soient placés sur la droite qui réunit le centre de gravité de la masse totale à l'axe ou au point de suspension. Si l'on écarte cette droite de la position verticale, la pesanteur agira sur chaque point matériel pour l'y ramener, et si ces points étaient libres et tenaient séparément à l'axe, ils ne reviendraient pas tous à la fois à la position verticale ; les plus près du centre y arriveraient les premiers, et les plus éloignés les derniers (n° 164), de sorte que les temps des oscillations différeraient ; c'est évident, d'après ce qui précède.

Par la liaison mutuelle des points matériels, tous commencent et finissent simultanément chaque oscillation, qui sera de la même durée pour tous ; en sorte que les points matériels les plus près de l'axe perdent de leur vitesse, et par conséquent de leur force motrice, et que les plus éloignés gagnent en vitesse et en force. On conçoit qu'en passant de ceux qui gagnent à ceux qui perdent, on trouve un point de la ligne qui, dans le mouvement d'oscillation, n'éprouve aucun changement, et oscille librement comme un pendule simple. C'est ce point qu'on nomme *centre d'oscillation.*

198. Ce point qui, en vitesse et en force, ne gagne ni ne perd, est nécessairement celui par lequel passe la résultante de toutes les forces motrices dont les points matériels sont animés ; puisque si cette force agissait seule, elle remplacerait toutes les autres ; et comme il n'y en aurait alors qu'une, toute la masse

réunie en ce point oscillerait librement et sans contrainte. La recherche du centre d'oscillation revient donc à trouver la vitesse angulaire, qui résulte d'une force accélératrice, à déterminer la force motrice de chaque point matériel, et à chercher ensuite la résultante et sa position.

Pour simplifier cette recherche, ne prenons que trois points matériels, dont les masses soient m, m' et m''; nommons r, r' et r'' leur distance à l'axe; G le centre de gravité, et K la distance de ce centre à l'axe ou au point de suspension. Ecartons de la verticale la ligne CM, pour l'amener à la position CM'. Dans cette dernière position, la pesanteur agit de haut en bas sur chaque masse suivant Pm, Pm' et Pm''; la force motrice qui en provient est pm, pm' et pm'', p étant la mesure de la pesanteur. Le mouvement qui aurait réellement lieu s'exécuterait suivant la ligne md, $m'd'$ et $m''d''$, perpendiculairement à CM', et si nous nommons u, la vitesse angulaire qu'aurait le système à l'unité de distance du point C, les vitesses que prendraient les points matériels seraient ru, $r'u$ et $r''u$, et, par conséquent, les forces motrices engendrées seraient rmu, $r'm'u$ et $r''m''u$. Ces quantités de mouvement, prises en sens contraire, doivent, au moyen de l'axe ou du point de suspension, faire équilibre aux forces motrices imprimées; donc il faut que la somme des moments, prise par rapport au point C, soit nulle.

Abaissons des points matériels et du point G (fig. 90), des perpendiculaires ma', $m'b'$, $m''c'$, et désignons-les par a'; b', c' et g'. Les moments des forces motrices résultant de la pesanteur, auront pour expression $a'mp$, $b'm'p$, $c'm''p$, et les moments des forces motrices qui auront lieu au commencement du mouvement, auront pour expression r^2mu, $r'^2m'u$, $r''^2m''u$. Pris en sens contraire, ils sont égaux à ceux qui résultent des trois autres forces motrices; donc nous aurons :

$$ma'p + m'b'p + m''c'p = r^2mu + r'^2m'u + r''^2m''u,$$

ou $$p\,(ma' + m'b' + m''c') = u\,(r^2m + r'^2m' + r''^2m''),$$

d'où $$u = \frac{p\,(m + m' + m'')\,g'}{r^2m + r'^2m' + r''^2m''}$$

après avoir remplacé $ma' + m'b' + m''c'$, par $(m + m' + m'')\,g'$. Cette valeur de la force accélératrice qui presse les points matériels est variable, et va diminuant à mesure que g' diminue, elle est nulle lorsque le système arrive dans la ligne verticale CM, et cela est évident.

Les forces motrices qui ont lieu à un instant quelconque du mouvement sont toujours parallèles, donc il faut que l'on ait, si on nomme R la résultante, et d sa disance à l'axe

$$R = (mr + m'r' + m''r'')u \text{ et } R \times d = (r^2m + r'^2m' + r''^2m'')\,u,$$

d'où $$d = \frac{(r^2m + r'^2m' + r''^2m'')\,u}{R} = \frac{(r^2m + r'^2m' + r''^2m'')\,u}{(mr + m'r' + m''r'')\,u}$$

ou $$d = \frac{r^2m + r'^2m' + r''^2m''}{mr + m'r' + m''r''} = \frac{r^2m + r'^2m' + r''^2m''}{(m + m' + m'')\,g'}.$$

199. On remarquera que le centre d'oscillation et le centre de percussion sont déterminés par un calcul semblable, et la distance à l'axe est la même, quoique déduite de principes différents.

Il n'y a que trois points matériels, et cependant la formule indique clairement comment il faut opérer, s'il y en avait un plus grand nombre. Si l'on avait de petits corps, les centres de gravité devraient être considérés comme des points matériels, chargés de toute la masse; mais dans les cas où les corps auraient un volume considérable, il conviendrait de les diviser en parties assez petites, et d'opérer ensuite sur les centres de gravité qui ne seraient pas dans un même plan perpendiculaire à l'axe d'oscillation. Alors on prendrait pour plan principal celui qui passerait par le centre de gravité de toute la masse et qui serait en même temps perpendiculaire à l'axe, et l'on procèderait comme si tous les corps y avaient leur centre de gravité, puis le centre d'oscillation ne serait plus un point, mais une droite parallèle à l'axe qui rencontre le plan, dont nous avons parlé, au centre même d'oscillation.

200. *Moyen de régler une horloge ou une pendule dont le modérateur du mouvement est un pendule.*

Les roues d'échappement, dans les mouvements d'horloge ou de pendule, exigent toujours que le balancier ou le pendule composé parcoure un certain arc, pour qu'il passe une dent de la roue; par conséquent, le pendule long ou court devra toujours décrire, pour une même horloge ou pendule, des arcs semblables, afin qu'il passe une dent à chaque oscillation. Mais nous savons que plus le pendule est court, plus vite il fera ses oscillations; par suite, nous pouvons conclure qu'une horloge va plus vite quand le balancier est plus court. Si donc une horloge avance, il faut allonger le balancier, et si elle retarde, il faut le raccourcir. Voilà le principe qui suffit pour la pratique, et c'est par un tâtonnement qu'on parvient à régler les horloges. Sans doute les calculs précédents nous y conduiraient; mais après avoir tout mesuré, tout calculé, tout déterminé, il faudrait encore avoir égard à la température, qui, allongeant ou raccourcissant les pendules, mettrait en défaut le résultat obtenu.

Dans les horloges bien soignées, on remonte la lentille au moyen d'une vis et de son écrou. On fait, il est vrai, des pendules auxquels on adapte un *pendule compensateur*, dans lequel le centre d'oscillation reste toujours à la même distance de l'axe, quelle que soit la température de l'atmosphère. Ces instruments sont d'un prix très-élevé, et par cela même fort rares.

Il est inutile d'observer que si les dents de la roue n'imprimaient pas de mouvement au balancier, les oscillations seraient arrêtées par la résistance de l'air et les frottements inévitables, que le poli des surfaces frottantes et les enduits contribuent puissamment à diminuer.

DE L'ÉQUILIBRE DES LIQUIDES.

201. On entend par *fluide* un amas de points matériels qui cèdent à la plus légère pression exercée pour les séparer; tels sont l'eau et l'air.

Lorsque l'adhérence, dont nous avons déjà parlé, se fait sentir dans les fluides, elle les rend visqueux, gluants. Nous ferons abstraction de la viscosité, nous supposerons les fluides parfaits.

On distingue deux sortes de fluides : les uns, comme l'eau, sont appelés *liquides*, les autres sont nommés *aériformes*.

202. Quoique tous les fluides soient généralement *compressibles*, les liquides exigent une si grande force pour que la diminution du volume soit sensible, que nous ferons abstraction de cette qualité ; nous les regarderons comme incompressibles. Les conséquences de cette hypothèse ou les résultats auxquels nous parviendrons, pourront être appliqués sans crainte d'erreur.

203. * Si l'on emplit un cylindre fermé par un bout, supposé invariable sous toutes les pressions possibles, et qu'on observe la hauteur à laquelle l'eau s'élève, il faudrait exercer sur la surface une pression égale à celle du poids d'un cylindre de mercure qui aurait même base que celui où est l'eau et 76 centimètres de hauteur, pour que la hauteur de l'eau diminuât de 49 millionièmes. Si l'on exerçait sur la surface de l'eau une pression égale à 2, 3, etc., fois plus grande, la hauteur diminuerait de 2 fois, de 3 fois, etc., 49 millionièmes. Par exemple, si la hauteur de l'eau était de 1^m, il faudrait placer sur sa surface supérieure le poids d'un cylindre de mercure qui aurait même base et 16^m de hauteur, pour que la hauteur de l'eau diminuât d'un millimètre. Ce poids serait énorme.

* Le mercure se comprime aussi sous la même pression de 5 millionièmes et 3 centièmes de millionième, ou de 503 cent-millionièmes.

204. En admettant comme principe la parfaite mobilité des molécules d'un liquide et son incompressibilité, nous dirons qu'il y a équilibre dans une masse liquide, lorsque les molécules ou une portion infiniment petite de la masse est également pressée dans tous les sens.

Il est clair que si une molécule m (fig. 91), indépendante d'une autre qui la touche, se trouvait plus pressée d'un côté que d'un autre, elle céderait à la plus grande pression, et qu'il y aurait mouvement dans la masse.

Pour faire nos raisonnements, nous prendrons l'eau, c'est le liquide le plus répandu et le plus connu. Comme il a des propriétés particulières qui ont quelque rapport à notre objet, il ne sera pas inutile d'en dire un mot.

205. L'eau à l'état de glace occupe plus d'espace qu'avant d'être gelée; par conséquent la glace pèse moins que l'eau à vo-

·lume égal. Le volume de l'eau varie suivant sa température. On peut observer ce phénomène en emplissant un vase et en le mettant sur le feu, il déborde avant que l'eau bouille.

Pendant que la glace ou la neige fond, la température de l'eau reste la même dans tous les lieux et dans tous les temps. Dans cet état, la température de l'eau est un point fixe de température. On a aussi reconnu que sa chaleur n'augmente pas pendant qu'elle bout, et on a pris la température de l'eau bouillante pour un autre point fixe. Il y a dans cette température quelques variations qu'on ramène à un point fixe sous certaines conditions. On a partagé en 100 parties égales, nommées *degrés*, l'accroissement de la température, à partir de la glace fondante jusqu'à celle de l'eau bouillante. On les désigne par un zéro placé à la droite du nombre, mais un peu au-dessus du corps de la ligne, 0°, 1°, 2°, etc.

Ces températures fixes sont indiquées par le volume que prend le mercure renfermé dans un tube de verre, plongé dans l'eau de la glace fondante et ensuite dans l'eau bouillante. Pour avoir les degrés intermédiaires, on a divisé en 100 parties égales l'intervalle entre 0° et 100°. Ainsi divisé, l'instrument, nommé *thermomètre*, mesure la température. On a marqué des divisions égales au-dessus de 100° et aussi au-dessous de 0°. Quand on veut indiquer que la température est plus basse ou plus froide que celle de la glace fondante, on ajoute au nombre des degrés ces mots : *au-dessous de* 0°, et quand on les écrit en chiffres, on place le signe — avant les chiffres; — 5° signifie 5 degrés au-dessous de zéro.

Le volume de l'eau diminue de 0,0001 à mesure qu'elle passe de 0° à 4°,1 ; ensuite il augmente de 0,0466 de 4°,1 à 100°.

A 4°,1 elle pèse plus, à volume égal, qu'à toute autre température, aussi c'est à cette température qu'un décimètre cube d'eau pèse 1^{kg} ; à 100° un décimètre cube ne pèse plus que 0^{kg},95543.

206. *Si on perce un vase plein d'un liquide, qu'on fasse abstraction de la pesanteur, et qu'on ferme l'ouverture par un piston, la force exercée sur le piston se transmettra dans tous les sens au moyen du liquide, et chaque molécule sera pressée comme si elle était contiguë à la base du piston* (fig. 91).

En effet, chaque molécule pressée par le piston étant incompressible et très mobile, transmet aux voisines l'action qu'elle reçoit; les voisines la transmettent à d'autres, et par suite toutes les molécules de la masse reçoivent la même action et dans tous les sens.

L'expérience confirme ce que la raison découvre. Si vous pratiquez, à un vase plein d'eau, des ouvertures ; si vous y adaptez des pistons, et que vous appliquiez une force P à l'un de ces pistons, il faudra exercer sur les autres une certaine force pour résister à l'action de la force P ; et si les ouvertures ont même dimension, il faudra appliquer à chacun des autres pistons des forces égales à la force P, pour empêcher le liquide de couler.

Si vous voulez une autre expérience, prenez un vase ayant la forme d'une boule tenant à un tube bien calibré ; percez la boule de plusieurs trous dans toutes les directions, et adaptez-y de petits tubes; plongez cet appareil dans l'eau, les tubes et le vase s'empliront; introduisez un piston dans le tube et sortez l'appareil; pressez le piston, l'eau sortira par tous les petits tubes. Ce qui prouve que la pression se transmet dans tous les sens (fig. 93).

207. Dans la figure 92, nous voyons qu'un piston seul fait équilibre à l'un quelconque des autres pistons, à deux des autres pistons, à trois des autres pistons, etc., et cela s'explique très-bien, si l'on observe que la surface du liquide sur lequel s'appuie le piston, supporte seule toute la pression; que si le piston avait, par exemple, 30 millimètres carrés de base, un millimètre carré de la surface ne supporterait que la 30° partie de la pression, 2 millimètres ne supporteraient que 2/30 de la pression, etc.; que, par conséquent, 1, 2, 3, etc., millimètres carrés de la base des autres pistons ne supporteraient aussi que 1, 2, 3, etc., 30ᵉˢ de la pression exercée sur l'un; il faut donc, pour empêcher le liquide de couler, appliquer sur un piston une pression égale à autant de 30ᵉˢ de la pression exercée, que la base du piston contiendrait de millimètres carrés. De sorte que si l'un des pistons avait 60 millimètres carrés de base, il faudrait appliquer une pression double; que s'il avait une base triple, il faudrait appliquer une pression triple, etc. En général, pour établir l'équilibre entre plusieurs pistons de bases différentes, il faut que la force appliquée à chacun soit proportionnelle à sa base. La force, divisée par la surface, donnerait au quotient la force de la pression exercée sur l'unité de la surface.

Dans ce qui précède, on voit qu'un liquide est une machine qui transmet les forces, qui les augmente et les diminue au besoin.

208. Par la pression exercée sur un piston, toutes les parois sont pressées, du dedans en dehors, avec une force perpendiculaire à la partie de la paroi que l'on considère; car si cette pression n'était pas perpendiculaire, elle pourrait être décomposée en deux autres forces : l'une, perpendiculaire à la surface, serait détruite par la résistance de la paroi, et l'autre agirait sur les molécules et leur imprimerait du mouvement, et alors il n'y aurait pas équilibre, ce qui serait contre l'hypothèse.

209. *La surface supérieure d'un liquide libre, et en équilibre dans un vase, est partout perpendiculaire à la direction de la pesanteur.*

Chaque molécule de la surface est pressée par la pesanteur, et si la direction de cette pression n'était pas perpendiculaire à la surface, on pourrait décomposer la force en deux autres, l'une perpendiculaire à la surface, et l'autre suivant une tangente qui ferait nécessairement glisser la molécule; il y aurait donc mouvement, et l'équilibre n'existerait pas, ce qui serait contre la supposition.

Si la direction de la pesanteur passait toujours par le centre de la terre, la surface d'un liquide ferait partie d'une surface sphérique dont le centre serait celui de la terre. De là nous tirerions cette conséquence, que la surface d'un liquide stagnant, d'une grande étendue, n'est pas une surface plane, mais une portion de surface sphérique. Rigoureusement parlant, la surface d'un liquide en équilibre est courbe; mais les surfaces que nous avons à considérer en mécanique, sont si petites, qu'on peut les regarder comme des surfaces planes. Ces surfaces, grandes ou petites, sont nommées *surfaces de niveau.*

210. *La pression exercée par un liquide homogène pesant sur une particule intérieure de la masse, est égale au poids de la colonne verticale qui lui correspond.*

La particule *m* (fig. 95) est également pressée dans tous les sens. Si toute la masse se durcissait, excepté la file de molécules composant la petite colonne verticale *mo*, la molécule *m* serait pressée comme auparavant dans le sens vertical, et elle supporterait évidemment le poids de toute la colonne qui lui correspond.

Maintenant, si nous considérons une tranche de niveau très-mince et comprenant la particule *m*, chaque molécule de cette tranche sera pressée dans tous les sens par un poids équivalant à celui de la colonne *mo*. La tranche supportera le poids d'autant de colonnes *mo* qu'il y aura de molécules.

211. *Une partie quelconque du fond ou d'une paroi d'un vase, contenant un liquide homogène en repos, supporte une pression égale au poids d'une colonne de liquide qui aurait pour base la surface pressée et pour hauteur la distance du centre de gravité de cette surface au niveau du liquide.*

Concevons que la partie de la paroi que nous considérons soit divisée en éléments *mn*, *np*, *pq*, etc. (fig. 96), assez petits pour que nous puissions regarder chaque point de cette surface comme également pressé; que la pression supportée par cet élément soit représentée par le poids d'une colonne de liquide ayant pour volume $mn \times d$, *d* étant la distance du centre de gravité de *mn* au niveau du liquide; qu'un autre élément *np* soit pressé par le poids d'une colonne de liquide ayant *np* pour base et *d'* pour hauteur, et pour volume $np \times d'$, etc.

Chacun de ces produits est le moment de l'élément de la surface, pris par rapport au plan de niveau, de sorte que la totalité des produits sera la somme des moments de tous les éléments, pris par rapport au plan de niveau; et comme tous ces moments sont égaux au produit de la surface totale multipliée par la distance de son centre de gravité au même plan de niveau, la proposition est démontrée. Si la surface était courbe, il faudrait la convertir en surface plane.

212. Il suit de cette proposition que si les fonds des trois vases, pleins de liquide à la même hauteur, sont égaux et de niveau (fig. 97), ils supportent chacun le poids d'une colonne de liquide ayant même hauteur et pour base le fond; l'expérience le prouve. Cependant si l'on pèse ces vases chacun séparément, les poids seront différents (*i*).

213. *Trouver la pression que supporte la vanne verticale d'un étang ou d'une écluse, l'étang ou le canal étant rempli d'eau stagnante.*

Supposons que la vanne soit rectangulaire, qu'elle ait 12 décimètres de largeur et 7 décimètres de hauteur, et que le niveau de l'eau soit au niveau du bord supérieur de la vanne. Chaque point de cette vanne supporte une pression égale au poids du filet d'eau qui s'appuie sur ce point, et qui a pour hauteur la distance du point pressé au niveau de l'eau ; par conséquent les points de la vanne au niveau de l'eau ne sont pas pressés, et les plus bas sont pressés par des filets qui ont 7 décimètres de hauteur ; la vanne est donc pressée comme si elle était horizontale et que les filets fussent verticaux, ou comme si, restant verticale, tous les filets étaient horizontaux (fig. 98). Cherchons, dans cette situation, le volume que forment tous ces filets. C'est un prisme triangulaire ayant pour base un triangle rectangle, dont les côtés sont chacun de 7 décimètres, et la hauteur du prisme est 12 décimètres. Le volume sera donc $7 \times 7 \times 12 : 2 = 296$ décimètres cubes. Comme un décimètre cube d'eau pèse un kilogramme, le poids en kilogrammes est obtenu sans nouveau calcul. C'est ainsi qu'il faut évaluer les volumes d'eau, quand il faut les transformer en poids.

La règle est donc de carrer la hauteur de la vanne, et de multiplier la moitié de ce carré par la largeur : autant il y aura de décimètres cubes dans la mesure, autant il y aura de kilogrammes dans la pression exercée contre la vanne.

Si l'eau s'élevait au-dessus de la vanne, c'est-à-dire si la vanne fermait un trou percé dans une chaussée, la base du prisme serait un trapèze ; il faudrait trouver la surface du trapèze, et multiplier ensuite par la largeur de la vanne. Dans la question précédente, si l'eau s'élevait au-dessus de la vanne, à 6 décimètres, par exemple, la base du prisme serait égale à $(6+13) \times 7 : 2 = 9,5 \times 7 = 66,5$, et la solidité à $66,5 \times 12 = 798$ décimètres cubes ou 798ᵏˢ.

214. *Trouver le point d'une vanne verticale et rectangulaire, par lequel passe la résultante de toutes les pressions.*

Soient ABCD la vanne (fig. 98) dans sa position verticale, et AB la ligne au niveau de l'eau ; BC est verticale, et chaque point b de cette ligne est pressé par une force égale au poids d'un filet d'eau qui a pour hauteur Bb ; le point C est pressé, aussi horizontalement, par le poids d'un filet de molécules d'eau, dont la hauteur est CB. Tirons CE $=$ CB perpendiculaire sur BC et sur le plan de la figure, et menons EB. Le triangle ECB représentera la somme des files de molécules dont le poids presse BC. Cette ligne BC est pressée par le poids de la surface du triangle ECB, dont chaque point est également pesant ; BC est donc pressée comme la droite AD (fig. 28). Le point par lequel a passé la résultante de toutes les pressions exercées sur AD, a été aux 2/3 de cette ligne à partir de A. Donc le point par lequel passera la résultante de toutes les pressions exercées sur BC, sera aussi 2/3 de BC, à partir de B ; toute autre ligne HI, parallèle à BC, tirée sur la surface de la vanné, sera pressée de la même manière, et la résultante passera aussi aux 2/3 de HI, à partir de H. Les résultantes de toutes les pressions exercées dans chaque section, passeront par la droite *ba*, et comme chacun des points de *ba* est également pressé, puisque toutes les sections seraient égales, le point G, milieu de *ba*, sera le centre de pression (*g*).

215. *Si on vide du liquide dans l'une des branches d'un tube recourbé, il s'élèvera dans l'autre au même niveau.*

Soit ABC (fig. 99) le tube recourbé. Si le liquide est en repos, et que l'on conçoive une section *mn*, *pq*, de niveau, il faut que la pression que supportent les molécules de la section *mn* soit égale à celle que supportent les molécules de la section *pq*, sans quoi il n'y aurait pas équilibre; donc les surfaces libres du liquide seront également élevées au-dessus de la section de niveau, et par conséquent de niveau, les tubes capilaires exceptés.

216. Le niveau d'eau est un tube de métal d'environ 120 centimètres de longueur, et recourbé d'équerre aux deux extrémités. On y adapte deux tubes de verre d'un égal diamètre, solidement mastiqués; l'instrument est placé sur un pied; on verse de l'eau rougie dans l'un des verres, jusqu'à ce qu'elle soit à peu près à une égale hauteur dans les deux. Lorsque l'eau est en repos, on a une surface de niveau, et par conséquent une ligne de niveau, en visant sur le côté des tubes, suivant la ligne qui sépare la couleur rouge de celle du verre.

On est exposé, en déplaçant l'instrument, à laisser couler l'eau. On prévient cet accident, de peu d'importance, en plaçant au milieu un robinet, qu'on ouvre pour établir la communication de l'eau d'un côté à l'autre; quand le robinet est fermé, la pression de l'air la retient en place.

Si deux vases ont entre eux une communication, et qu'on verse dans l'un un liquide, il passera dans l'autre, et les surfaces libres, dans les deux vases, seront de niveau comme dans le tube recourbé.

217. La presse hydraulique est fondée sur ce principe et sur ce qui a été dit (nos 207 et 208). Le corps principal de cette machine est un vase AB (fig 101), d'une épaisseur capable de résister à une très-forte pression de dedans en dehors; P est un piston qui glisse dans la partie A; *p*, un autre piston, qui agit dans la partie B, dont la base est fort petite, relativement à celle du piston P. Si, les pistons ôtés, vous versez de l'eau dans la partie A ou dans la partie B, l'eau se mettra de niveau, et il y aura équilibre; si vous remettez les deux pistons, le piston P, plus pesant que le piston *p*, fera remonter *p* jusqu'à ce qu'il y ait équilibre; si vous exercez maintenant une pression sur le piston *p*, au moyen d'un levier, l'eau transmettra cette pression à la base du piston P, et elle sera autant de fois plus grande que la base de P contiendra celle de *p*. Supposez que la base de P contienne celle de *p* 100 fois, et que la pression exercée sur *p* soit de 50ᵏˢ, P sera pressé par une force égale à 5000ᵏˢ, il pressera le corps placé entre la tête de P et une grille de fer située au-dessus.

La machine en usage est plus compliquée : il y a des robinets, des soupapes, qui permettent de fouler l'eau dans le petit cylindre et d'en faire passer dans le grand, et aussi de vider la machine, afin d'exercer une pression continue. Avec peu de force, on produit un grand effet. On sent que P ne remonte guère par un coup de piston p, et que ce qu'on gagne en force, on le perd en temps.

218. Nous nommerons *densité* d'un corps la somme des particules matérielles comprises sous l'unité de volume de ce corps; nous dirons qu'un corps est plus ou moins dense, lorsqu'il aura plus ou moins de particules matérielles sous l'unité de volume. Comme le poids d'un corps fait connaître combien il y a de parties également pesantes dans un corps, il est clair que si nous avons le poids de l'unité de volume d'un corps, ce poids sera proportionnel à la densité. Ainsi, quoique la densité ne puisse être mesurée directement, il suffit qu'elle soit proportionnelle au poids, pour que les poids puissent lui servir de mesure. Quelques auteurs ont dit que la densité d'un corps, était le poids de l'unité de volume ou le rapport du volume au poids.

Si nous connaissions le poids de l'unité de volume d'un corps, en multipliant ce poids par le volume, ou le volume par le poids, nous aurions le volume du corps. Il existe des tables des poids spécifiques qui donnent le nombre par lequel il faut multiplier le poids d'un égal volume d'eau pure pour avoir celui du corps indiqué dans la table; de sorte que pour trouver le poids d'un corps désigné, il faut le cuber et trouver le poids de ce volume s'il était d'eau pure, puis multiplier ce poids par le nombre donné, on aura le poids cherché. Le volume étant évalué en décimètres cubes, sera pesé par son volume; puisque chaque décimètre cube pèse un kilogramme, il suffira donc de multiplier le volume du corps par le poids spécifique de ce corps, pour obtenir son poids réel. (Voyez à la fin de ce livre.)

Exemple. *Une pièce de fonte de fer a pour cube* 63,4567 *décimètres cubes, trouver son poids.*

Je trouve dans la table qui est à la fin de ce livre que la fonte de fer a pour poids spécifique 7,207. Je multiplie 63,4567 par 7,207, et je trouve, en négligeant les dernières décimales, que le poids cherché est 500^{ks},574.

219. *Si dans deux vases communiquant, vous introduisez du mercure, et que vous versiez de l'eau dans le vase* A (fig. 102), *l'équilibre s'établira, et la hauteur du mercure au-dessus du niveau mn de la surface de séparation, sera à la hauteur de l'eau, en raison inverse des densités.* (La densité de l'eau étant 1, celle du mercure est 13,598.)

L'explication ne présente aucune difficulté. Car, puisqu'il y a équilibre, il faut qu'en chaque point les surfaces de niveau mn, pq, soient également pressées de haut en bas; que, par conséquent, deux colonnes verticales, l'une de mercure et l'autre d'eau, ayant même base, aient même poids, la base étant quelconque. Supposons que la base des colonnes soit 1; que la hauteur de l'eau soit h, et celle du mercure h', le volume de la colonne d'eau sera $1 \times h$, celui de la colonne de mercure sera $1 \times h'$; le poids de la colonne d'eau sera exprimé par son volume $1 \times h$, évalué en décimètres cubes, et le poids de la colonne de mercure sera $1 \times h' \times 13,598$. Ces poids devant être égaux, il faudra que les facteurs d'un produit soient les moyens, et les facteurs de l'autre les extrêmes, et que l'on ait cette proportion : $h : h' :: 13,598 : 1$, ce qui démontre la proposition, puisque la densité de l'eau étant 1, celle du mercure est 13,598.

220. *Quelle hauteur faudrait-il donner à une colonne d'eau pour qu'elle fit équilibre à une colonne de mercure de $0^m,76$ de hauteur ?*

Puisque les hauteurs des colonnes doivent être en raison inverse des densités ou des poids spécifiques, la proportion

$$1 : 13,598 :: 0^m,76 : x = 10^m,33448,$$

résout la question.

221. *Trouver la pression que supporte le fond plan et horizontal d'un vase, dans lequel on a du mercure à une hauteur de 25 millimètres; de l'eau à une hauteur de 148 millimètres, et de l'huile d'olive à une hauteur de 232 millimètres, sachant que le fond du vase a en décimètres carrés 3,456 de surface, que le poids spécifique de l'huile est 0,915, le poids spécifique du mercure étant déjà connu.*

La charge que supporte le fond dépend de la grandeur du fond et de la hauteur des liquides au-dessus du fond, et non de la forme du vase. L'action de l'huile sur un point de la surface de l'eau, se transmet à chacun des points du fond, l'action de l'eau est transmise de la même manière à chacun des points du fond ; donc le fond est pressé comme s'il supportait le poids d'une colonne de mercure ayant pour base le fond, et pour hauteur celle du mercure, plus celui d'une colonne d'eau, ayant pour base le fond, et pour hauteur celle de l'eau dans le vase, puis enfin le poids d'une colonne d'huile ayant aussi pour base le fond du vase, et pour hauteur la hauteur de l'huile. Le calcul fait dans cette supposition revient à multiplier le volume du mercure et de l'huile par leur poids spécifique, et à ajouter ces deux produits au volume de l'eau transformé en poids, et le total sera le poids que supporte le fond du vase; la pression sera donc exprimée par

$$3,456 \times 0,25 \times 13,598 + 3,456 \times 2,32 \times 0,915 + 3,456 \times 1,48 =$$
$$3,456 (0,25 \times 13,598 + 2,32 \times 0,915 + 1,48) = 3,456 \times 7,0023 =$$
$$24,1999.$$

Le fond est chargé d'un poids de $24^{kg},1999$.

222. *Si, dans le plan d'un triangle invariable ABC, on applique au milieu, de chaque côté, des forces P, Q et S (fig. 103), proportionnelles et respectivement perpendiculaires à AB, BC et CA, il y aura équilibre, si les forces agissent toutes trois de dehors en dedans ou de dedans en dehors.*

Prolongeons la direction des forces P et S, agissant de dehors en dedans, elles se couperont au point O, centre du cercle circonscrit et point de concours des trois forces. Faisons OL = AB, OI = AC, et construisons le parallélogramme des forces LOIG, GO sera la résultante des deux forces P et S. Le triangle OIG = ACB, car l'angle FAD = OIG, comme supplément du même angle FOD. Les côtés qui comprennent ces angles sont égaux ; donc les deux triangles sont égaux, et OG = BC, et l'angle GOI = ACB. Donc la résultante des deux forces P et S est égale à la force Q. Elle lui est directement opposée, parce qu'elle est perpendiculaire à BC. En effet, si l'on prolonge FO et GO jusqu'à leur rencontre en E et H avec BC, l'angle FCH sera le complément de FHC, parce qu'ils sont les deux angles aigus du triangle rectangle CFH. Or, l'angle FCH = GOI = HOE ; donc l'angle HOE est aussi le complément de l'angle OHE, donc le triangle OEH est rectangle ; donc GO est perpendiculaire sur BC et se confond avec QO, puisque ces deux droites ont le point O commun, et qu'elles sont perpendiculaires à la même droite B ; donc il y a équilibre.

223. *Si, dans le plan d'un polygone invariable ABCDE, on applique au milieu de ses côtés des forces P, Q, S, T, V (fig. 104), respectivement proportionnelles et perpendiculaires à AB, BC, CD, DE et DA, il y aura équilibre, si toutes les forces agissent de dehors en dedans ou de dedans en dehors.*

Tirez les diagonales AC et AD, et appliquez au milieu de chacune deux forces égales et contraires, p, p', q, q', perpendiculaires et proportionnelles aux diagonales. Ces forces se détruisent d'elles-mêmes et ne changent rien à l'effet des autres forces. Maintenant, il y a équilibre dans le triangle ABC entre les forces P, Q et p' ; dans le triangle ACD, entre les forces p, S et q', et dans les triangle ADE, entre les forces q, T et V (proposition précédente) ; et, par conséquent, il y a équilibre dans le polygone. Or, les forces p et p', q et q' n'avaient rien changé à l'état du polygone, aux côtés duquel étaient appliquées les forces P, Q, etc., il y avait donc équilibre avant que les forces p, p', q et q' fussent appliquées. Donc, si dans le plan, etc.

On arriverait plus directement, mais moins simplement, en cherchant la résultante des deux forces P et Q, elle serait égale à p ; en cherchant la résultante entre p et S, on trouverait q, et enfin, dans le triangle ADE, il y aurait équilibre entre les trois forces q, T et V.

224. Nous n'avons pas besoin de figure pour concevoir qu'un prisme droit est entièrement plongé dans l'eau, que ses bases sont horizontales, que, par conséquent, ses faces rectangulaires sont verticales, et que la droite qui joint les centres de gravité des deux bases est verticale. Nous le supposons, pour un instant, en repos, comme s'il n'était sollicité par aucune force. Examinons quelles sont les pressions qu'il supporte, soit dans le sens horizontal, soit dans le sens vertical.

Partageons le prisme en tranches horizontales infiniment minces, la section marquée sur les faces latérales sera un polygone égal à celui de la base. Chaque point du contour sera également pressé dans le sens horizontal et perpendiculairement au côté, et, par conséquent, la résultante des pressions exercées sur un côté du polygone passera par le milieu du côté, et elle sera dans le plan du polygone et proportionnelle au côté. Il y aura donc équilibre (n° 223), et la position verticale du prisme ne sera pas dérangée par cette pression. Ce que nous venons de conclure pour une tranche aura lieu pour chacune, et nous pouvons affirmer que les pressions dans le sens horizontal se détruisent et qu'il y a équilibre.

La surface supérieure du prisme est pressée de haut en bas par le poids d'une colonne de liquide qui aurait même base que le prisme, et pour hauteur la distance de la base supérieure du prisme au niveau du liquide. La base inférieure du prisme est pressée de haut en bas par le poids du prisme, plus celui de la colonne qui pèse sur la surface supérieure, et le liquide exerce, sur cette surface inférieure, une pression ou poussée de bas en haut, égale au poids d'une colonne du liquide, qui aurait même base que le prisme, et pour hauteur la distance de cette base au niveau du liquide.

Si le prisme pèse autant que le volume du liquide qu'il déplace, les deux pressions exercées de haut en bas seront égales au poids d'une colonne de liquide qui aurait pour base la base inférieure du prisme, et pour hauteur la distance de cette base au niveau du fluide. Alors les deux forces qui pressent en sens contraire la surface inférieure, agissant suivant la ligne verticale qui joint les centres de gravité des deux bases et celui du prisme, seront égales et opposées, et il y aura équilibre.

Si le prisme pèse plus qu'un égal volume du liquide qu'il déplace, il tendra à descendre verticalement, avec une force égale à l'excès de son poids sur celui du volume du liquide déplacé ; alors il a perdu une partie de son poids égale au poids du liquide qu'il déplace.

S'il pèse moins qu'un égal volume du liquide dont il tient la place, il sera poussé de bas en haut verticalement, par une force égale à l'excès du poids du liquide qu'il déplace sur son propre poids.

Soit qu'il monte, soit qu'il descende, son mouvement sera uniformément accéléré, puisque la force qui agit sur l'une des bases est toujours la même.

225. Ce qui précède convient également à un cylindre droit. Le contour des tranches serait une courbe ou un polygone d'une infinité de côtés, auquel s'appliquerait l'observation relative au polygone rectiligne : les pressions horizontales se feraient équilibre ; le cylindre, comme le prisme, perdrait dans le liquide une partie de son poids égale au poids du liquide qu'il déplace.

226. Par la pensée, nous pouvons concevoir qu'un vase soit rempli d'eau en équilibre, et qu'une portion de l'eau, à la surface ou dans l'intérieur de la masse, formant un solide quelconque, soit durcie. Cette supposition ne change rien à l'équilibre ; la pression qui s'exerce perpendiculairement à la surface du solide est la même que celle qui avait lieu pendant que l'eau de ce corps était liquide. Nous voyons maintenant que toutes ces pres-

sions, ont une résultante qui soutient le poids de la masse durcie ; qu'elle passe par le centre de gravité du solide, et qu'elle est opposée et égale à la force de la pesanteur ou au poids de l'eau.

Si nous plongeons un corps dans l'eau, concevons une masse d'eau ayant même forme et même dimension que le corps plongé. Le corps plongé ou la masse durcie éprouve de la part de l'eau des pressions égales ; par conséquent elles se réduisent, sur le corps plongé, à une force unique qui agit de bas en haut ; cette force est appliquée au centre de gravité du volume de l'eau déplacée, et elle est égale au poids de cette eau. Si le corps plongé pèse plus qu'un égal volume d'eau, il tendra à descendre avec une force égale à l'excès de son poids ; c'est-à-dire qu'*il perd dans l'eau une partie de son poids égale au poids du volume de l'eau qu'il déplace.* S'il pèse moins qu'un égal volume d'eau, il sera poussé de bas en haut avec une force égale à la différence de poids

Le raisonnement s'applique également au cas où le corps surnage. Le volume de l'eau déplacée pèse autant que le corps. La poussée passe toujours par le centre de gravité de l'eau déplacée. Il est facile de voir que si le centre de gravité du corps se confondait avec celui de l'eau déplacée, l'équilibre serait indifférent ; que s'il était plus bas, l'équilibre serait stable ; que s'il était plus haut, il serait instable.

Si les raisonnements que nous venons de faire ne satisfaisaient pas le lecteur, il trouvera, dans les deux propositions suivantes, tout ce qu'il peut désirer, la démonstration mathématique.

227. * *Une force* P *est appliquée au centre de gravité et perpendiculairement au plan du trapèze* ABCD (fig. 105), *dont les bases* AB *et* CD *sont horizontales, mais non dans un plan vertical ; décomposer cette force en deux autres, l'une verticale et l'autre horizontale, et déterminer la grandeur des composantes, lorsque la force* P *est proportionnelle à la surface du trapèze.*

Soit O le centre de gravité du trapèze. Par ce point et par la direction de la force P, menons un plan vertical qui rencontre le plan du trapèze suivant EF ; il sera perpendiculaire au plan du trapèze ABCD et à ses deux bases AB et CD, horizontales par hypothèse. Par le même point O, tirons dans ce plan, OS horizontale et OQ verticale ; elles seront les directions des composantes, que nous désignerons par S et Q. Si, par le point K pris sur OP, nous menons KL parallèle à OQ, les trois côtés du triangle rectangle KOL représenteront les trois forces, et nous aurons

$$P : S : Q :: OK : LO : KL.$$

Si nous projetons le trapèze sur un plan vertical passant par CD, et sur un plan horizontal passant par AB, nous aurons les deux trapèzes A'B'CD et ABC'D', dont les plans seront rencontrés par le plan des forces, suivant EG et FG perpendiculaires sur les bases parallèles de ces trapèzes ; le triangle EFG est rectangle en G, il est semblable au triangle OKL, puisqu'ils ont les côtés perpendiculaires ; donc ces triangles donnent

$$OK : OL : KL :: EF : EG : FG ;$$

donc nous aurons aussi

$$P : S : Q :: EF : EG : FG.$$

Or, il est démontré (note *h*) que les côtés du triangle EFG sont entre eux comme les trois trapèzes ABCD, A'B'CD et ABC'D', et qu'on a

$$EF : EG : FG :: ABCD : A'B'CD : ABC'D' ;$$

et par suite des rapports égaux, nous aurons

$$P : S : Q :: ABCD : A'B'CD : ABC'D'.$$

Nous voyons que les forces P, S et Q peuvent être représentées par le trapèze donné, et par ses deux projections sur un plan vertical et un plan horizontal.

228. * Concevons (fig. 106) un corps en repos dans un liquide, et divisons-le par la pensée en tranches horizontales infiniment minces. La surface de cette tranche, pressée par le liquide, sera une espèce de ceinture. Partageons-la en trapèzes infiniment petits ; ces trapèzes auront leurs bases infiniment proches, elles seront horizontales, et le centre de gravité sera au milieu des deux bases. La pression exercée par le liquide, dans toute l'étendue de la surface du trapèze, aura une résultante perpendiculaire et proportionnelle à la surface, elle passera par le centre de gravité du trapèze, puisque ce sera le poids d'une colonne de liquide ayant pour base ce trapèze, et pour hauteur la distance du centre de gravité au niveau du liquide. Si nous voulons donner à ce trapèze infiniment petit une forme sensible, nous trouvons le trapèze de la figure 107 avec toutes les données de la proposition (n° 227), et nous pouvons affirmer que la pression, décomposée en deux autres, l'une horizontale et l'autre verticale, produira deux forces représentées par la projection du trapèze sur le plan vertical et sur le plan horizontal. La tranche est si mince que la projection du trapèze sur le plan vertical, est comme une petite ligne droite au milieu de laquelle est appliquée la force horizontale proportionnelle à cette ligne

Ce que nous disons de cette force, s'appliquerait à celles qui résulteraient des autres trapèzes de la ceinture, lors même (note *h*) que ces figures seraient des rectangles ou des triangles ; par conséquent, les forces horizontales se détruisent (n° 223), il y a équilibre entre elles. Les pressions horizontales étant en équilibre autour de chaque ceinture, il y aura nécessairement équilibre entre les pressions horizontales exercées par le liquide sur toutes les ceintures, c'est-à-dire sur toute la surface du corps plongée en partie ou en totalité dans le liquide.

La composante verticale exerce une pression de bas en haut sur la surface du corps, égale au poids d'un prisme du liquide qui aurait pour base la projection du trapèze sur un plan horizontal, et pour hauteur la distance du centre de gravité du trapèze au niveau du liquide dans le vase. Considérons, dans le corps même, ce prisme vertical infiniment délié, et concevons que la partie du corps plongée soit décomposée en prismes correspon dants aux trapèzes, rectangles ou triangles, dans lesquels nous avons décomposé les surfaces des ceintures pressées de bas en haut. Chacun des prismes supporte, sur sa surface inférieure, une pression de bas en haut égale au poids d'un prisme de liquide qui aurait pour base la projection, sur un plan horizontal, de la petite surface pressée, en sorte que si chacun d'eux s'élevait jusqu'au niveau du liquide ou s'élevait au-dessus, le corps serait poussé de bas en haut par une force totale égale au poids d'un volume de liquide égal au volume de la partie des prismes comprise dans le liquide, c'est-à-dire au poids de tout le liquide déplacé par le corps. La résultante de toutes les pressions passerait par le centre de gravité de tout le liquide déplacé. La poussée étant détruite par le poids du corps, il faudrait que le poids du corps fût égal au poids du liquide déplacé par le corps, et que les centres de gravité du corps et du liquide déplacé fussent sur la même verticale, et l'équilibre ne serait stable qu'autant que le centre de gravité du corps se trouverait au-dessous de celui du liquide déplacé.

Si l'un des prismes, dans lesquels nous avons décomposé la partie du corps plongé, était entièrement dans le liquide, bien que sa surface supérieure, comprise entre les faces latérales, ne fût pas égale à la surface inférieure, aussi comprise entre les mêmes faces, elle n'en serait pas moins une surface plane infiniment petite, qui aurait sur un plan horizontal une projection égale à celle de la surface opposée, et, par conséquent (n° 224), le prisme ne serait pressé de bas en haut que par le poids d'un prisme du liquide égal en volume à ce prisme solide.

De ce raisonnement, qui convient à tous les prismes, nous en concluons que la poussée du liquide serait encore égale au poids du liquide déplacé par le corps.

Si le corps était entièrement plongé dans le liquide, ce que nous venons de dire s'appliquerait encore à chaque prisme, et le corps serait encore pressé de bas en haut par le poids du volume du liquide déplacé par le corps. Nous pouvons dire, dans ce cas, que le corps sera en repos si, à volume égal, il pèse autant que le liquide; que, s'il pèse plus, il tendra à descendre avec une force égale à l'excès de son poids sur celui d'un égal volume du liquide; c'est-à-dire qu'il perd dans le liquide une partie de son poids, égale au poids du liquide déplacé; que s'il pèse moins il sera poussé de bas en haut avec une force égale à l'excès du poids d'un égal volume du liquide sur son propre poids.

DES FLUIDES.

229. Le fluide qui enveloppe la terre, *l'air atmosphérique*, dans lequel nous vivons, a des propriétés qui intéressent la mécanique. C'est sous ce point de vue que nous allons le considérer.

L'air est pesant.

Lorsqu'il est poussé avec violence contre nous, nous sommes forcés de convenir que c'est un corps dont le choc se fait sentir sur nous-même, et si l'air agité passe à la tempête, il déracine les arbres et renverse des monuments; il est donc composé de parties matérielles agissant sur les corps en repos comme les liquides. Si l'on pèse un vase bouché par un robinet, qu'on y introduise de l'air avec force, et qu'on l'y retienne au moyen du robinet, il pèsera ensuite plus qu'auparavant; donc l'air est pesant.

230. Il presse par son poids tous les corps qu'il touche ou qu'il environne à la manière des liquides. Pour nous en convaincre, prenons un canon de fusil et une baguette de bois ou de fer, d'environ six millimètres de diamètre et plus longue que le canon; faisons au bout de la baguette, avec de la filasse un peu mouillée, un tampon long d'environ quatre ou cinq centimètres, lorsqu'il bouchera bien le canon comme un piston, et qu'il glissera néanmoins librement, si nous l'enfonçons dans le canon, l'air sortira par la lumière; fermons la lumière et remontons la baguette en faisant le vide au fond du canon, nous éprouverons une grande résistance, qui provient de la pression de l'air sur le piston, et si nous abandonnons brusquement le piston à lui-même, il ira frapper rudement la culasse. Cette action de l'air a lieu quelle que soit la position donnée au canon; donc l'air presse dans tous les sens les corps qu'il touche.

Ouvrons la lumière et enfonçons verticalement le canon dans l'eau, le piston étant au fond du canon, remontons-le lentement, l'eau entrera dans le canon, non-seulement jusqu'à son niveau; mais parce que l'air n'arrive pas entre la base du piston et la surface de l'eau dans le canon, la pression extérieure de l'air forcera l'eau de suivre la base du piston, le canon s'emplira. Si nous sortons le canon de l'eau, l'air pressera l'eau à l'ouverture de la lumière et l'empêchera de sortir. De cette expérience nous conclurons encore que l'air pèse, et qu'il pèse plus sur l'ouverture de la lumière qu'une colonne d'eau qui aurait pour base l'ouverture de la lumière, et pour hauteur celle de l'eau dans le canon tenu verticalement la culasse en bas. Cette expérience donnerait le même résultat, si l'on opérait sans la cheminée. Nous avons sous la main bien des moyens de faire des expériences de cette nature. Enfoncez dans l'eau une bouteille vide, elle s'emplira; tenez le gouleau au-dessous du niveau de l'eau, en la relevant, elle ne se videra pas, lors même qu'elle serait fort longue.

231. *Mesure de la pression de l'air.*

Prenons un tube de verre de 1^m de longueur, fermé par un bout. Emplissons-le de mercure (argent vif), plaçons un doigt sur le mercure et plongeons le bout sur lequel est le doigt dans un vase où il y a du mercure; si nous ôtons le doigt, nous verrons le liquide descendre dans le tube, et s'arrêter à environ 76 centimètres de hauteur verticale au-dessus du niveau du mercure dans le vase. L'équilibre s'établit, et la pression de l'air est mesurée par le poids d'une colonne de mercure de 76 centimètres de hauteur verticale. Voilà le poids d'une colonne d'air qui aurait même base que celle de la colonne de mercure. La partie du tube abandonnée par le mercure est vide d'air, et le mercure n'est point poussé de haut en bas.

232. Avant le XVIIe siècle, l'air n'était pas classé au nombre des corps pesants. C'est à Galilée qu'est due la première idée du poids de l'air, et à son disciple Torricelli qu'on doit le baromètre, instrument destiné à faire connaître la pression de l'air. Il donne à chaque instant la hauteur de la colonne de mercure au-dessus du niveau du mercure dans la cuvette. Il fallait un liquide aussi pesant pour mesurer commodément la pression de l'air, et qu'il ne gelât pas, pour donner cette mesure pendant l'hiver. C'est à Clermont-Ferrand, au bas et au sommet du puy de Dôme, que M. Perrier, sur l'invitation que lui en avait adressée Pascal, trouva que l'air pesait plus au bas de la montagne qu'au sommet. (*Expériences nouvelles touchant le vide*, etc., 1647, ouvrage de Pascal.)

Si nous voulions faire équilibre au poids de l'air par une colonne d'eau, nous avons vu (n° 220) qu'elle devrait être de 10^m,333.

Cette hauteur du mercure dans le baromètre n'est pas constante, parce que la pression de l'air varie suivant l'état de l'atmosphère et des couches supérieures de l'air. La pluie, le vent, la température, exercent une grande influence.

C'est à la pression de l'air qu'est due l'ascension de l'eau dans les pompes aspirantes. C'est encore à sa pression qu'on doit la facilité de transvaser les liquides au moyen du syphon.

233. *Expliquer le jeu du syphon.*

Le *syphon* est un tube recourbé ABC (fig. 108), en métal ou en verre; l'une des branches est plus longue que l'autre.

Soient M (fig. 109) un vase rempli de liquide, ABC le syphon, N le vase dans lequel on veut transvaser le liquide. Remplissons le syphon du liquide, fermons les deux bouts et mettons le bout de la branche la plus courte dans le vase plein. Si nous débouchons le syphon, le liquide coulera par la branche la plus longue dans le vase N.

Pour rendre raison de cet écoulement, tirons au niveau du liquide dans le vase plein une droite AE, et observons qu'au point A la pression de l'air extérieur exerce de bas en haut, au moyen des colonnes qui avoisinent l'ouverture du tube, une pression, dans le tube vis-à-vis du point A, égale à son poids, et que la colonne du liquide presse de haut en bas, avec une force représentée par la hauteur DA, la ligne DF étant au niveau du liquide supérieur dans le syphon. La différence de ces deux pressions est donc la pression exercée de bas en haut pour faire monter le liquide dans le syphon.

Si la branche BC était terminée au point E, la pression de l'air sur l'ouverture du syphon, presserait le liquide comme au point A avec la même intensité. La colonne du liquide au point E presserait aussi comme au point A, puisque la distance au niveau du liquide supérieur est la même. La force pour faire monter le liquide serait égale à celle qui a lieu au point A ; par conséquent, le liquide ne coulerait pas. Si la branche était plus courte que BE, la pression pour faire monter le liquide dans le tube serait plus grande qu'au point A ; par conséquent, le liquide passerait dans le vase M; mais comme la branche BC est plus longue, ou qu'elle descend au-dessous de AE, niveau du liquide dans le vase M, la pression de l'air en C, diminuée d'une quantité plus grande qu'elle ne l'a été au point A, puisque DA est plus petit que FC, sera moindre qu'au point A; par conséquent, le liquide coulera dans le vase N jusqu'à ce que le niveau du liquide, dans le vase M, soit au-dessous de la branche BA.

234. Nous avons amorcé le syphon en l'emplissant de liquide; quelquefois on l'amorce en aspirant l'air intérieur avec la bouche, après qu'on a plongé l'extrémité de la branche la plus courte dans le vase. Souvent on ajoute à la branche la plus longue un petit tube de verre, au moyen duquel on aspire l'air contenu dans le tube. Quelquefois aussi il y a en B une ouverture en forme d'entonnoir pour emplir le tube. Dans ce cas, on bouche le syphon en A et C, on le place dans le liquide et on l'emplit; ensuite, on bouche le fond de l'entonnoir et on ôte les bouchons placés en A et C, et le liquide coule. Toutes ces précautions sont nécessaires pour transvaser les liquides corrosifs.

235. L'air est *compressible* et *expansible,* en un mot *élastique.* Gonflez une vessie, en y introduisant de l'air, vous la comprimerez ensuite, et dès que la compression cessera, la vessie reprendra le volume qu'elle avait avant qu'elle fût pressée.

Si vous fermez la lumière d'un canon de fusil, et si vous introduisez un piston dans le canon, vous sentirez, en poussant le piston vers la culasse, une résistance telle que vous n'enfoncerez pas le piston jusqu'au fond. Si vous cessez de comprimer l'air, le piston remontera; l'air est donc compressible et élastique.

Le volume de l'air qui remplissait le canon diminue à mesure qu'on enfonce le piston, et comme la masse reste la même, il est évident que le quotient de la masse, divisée par le volume, sera plus grand; que, par conséquent (n° 218), la densité devient plus grande; qu'elle sera double, si le volume est réduit à moitié; qu'elle sera triple, si le volume est réduit au tiers; que la densité sera en raison inverse du volume.

Si vous mettez en communication, par le bas des fonds, deux tonneaux d'une égale capacité, l'un plein et l'autre vide, le liquide se mettra de niveau et en équilibre, et si les deux tonneaux sont eux-mêmes placés de niveau, la moitié du liquide passera du tonneau plein dans le tonneau vide; si vous introduisez de l'air dans le tonneau qui était plein, au moyen d'un fort soufflet, construit de manière qu'il ferme la bonde, et que l'air introduit ne sorte pas du tonneau, vous augmenterez le ressort de l'air, et tout le liquide passera dans l'autre tonneau. C'est un moyen de soutirer le vin dans quelques celliers.

236. *Les couches inférieures de l'air sont plus denses que les couches supérieures.*

L'air étant compressible, les couches supérieures chargent et compriment par leur poids les couches inférieures. L'air, étant plus chargé près de la terre, devient moins dense à mesure qu'on s'élève. Cette diminution est rendue sensible par le baromètre, et ce principe servit d'abord à déterminer, au moins par approximation, la différence de niveau entre deux points éloignés, comme un point de la plaine et le sommet d'une montagne. Plus tard, il a été employé avec succès pour obtenir ces différences avec une grande précision.

237. *Les volumes d'une même masse d'air sont en raison inverse des pressions qu'ils supportent, ou la force élastique de l'air est en raison inverse de son volume.*

On s'est convaincu de cette vérité en chargeant une même masse d'air de poids différents, et l'on a reconnu que si le poids était deux fois, trois fois, etc., plus grand, le volume de l'air était la moitié, le tiers, etc., de ce qu'il était d'abord, la température restant la même. Comme dans cet état de compression, la densité de l'air devient deux fois, trois fois, etc., plus grande, on voit que la force élastique de l'air est en raison de la densité, sa température restant la même.

238. Si la température d'une masse d'air s'élève, la force élastique de l'air augmente.

Sans chercher ici à mesurer exactement cette augmentation, nous indiquerons un moyen bien simple de vérifier ce fait. Gonflez une vessie, chauffez-la ensuite, elle prendra un plus grand volume. La force élastique augmente donc, si l'on élève la température de l'air. Par des expériences précises, on a trouvé que la force élastique augmentait de 0,00375 pour chaque degré centigrade de l'élévation de température.

DES POMPES.

239. Les *pompes* sont des appareils destinés à élever l'eau. On en distingue de trois sortes : les pompes *aspirantes*, les pompes *foulantes* et les pompes *aspirantes et foulantes.*

240. *Pompes aspirantes.*

Dans la pompe aspirante (fig. 110), on appelle *corps de pompe* la partie cylindrique EF dans laquelle se meut un piston P. Le tuyau H, plongé dans l'eau du réservoir dont le niveau s'élève jusqu'en BC, est nommé *tuyau d'aspiration*. Il se joint au corps de pompe par une cloison ou *diaphragme*, auquel tient une *soupape* S, au moyen d'une charnière. Cette pièce s'ouvre de bas en haut. Le piston P est mu par une tige D ; il est percé dans son milieu, et au-dessous de l'anse est une soupape S′ qui s'ouvre aussi de bas en haut.

Pour qu'une pompe produise sûrement son effet, il faut que la cloison ne soit pas à plus de 8ᵐ,5 au-dessus des basses eaux du réservoir, et que le piston, dans son mouvement de va et vient, descende jusque sur la soupape dormante S, ou du moins aussi près que possible.

241. *Expliquer le jeu de la pompe aspirante.*

Supposons que le piston P soit au point le plus bas de sa course. Les deux soupapes sont fermées par leur propre poids ; le tuyau d'aspiration est plein d'air extérieur, et l'eau est au niveau BC du réservoir. En soulevant le piston, on augmente l'espace compris entre la soupape dormante et la base du piston ; l'air qui pouvait se trouver entre la soupape dormante et la base du piston, occupant un espace plus grand, n'a plus la même densité ; sa pression sur la soupape dormante ne balance plus la force élastique de l'air naturel qui est dans le tuyau d'aspiration ; la soupape dormante est soulevée, et l'air contenu dans ce tuyau pénètre dans le corps de pompe, jusqu'à ce que l'air, dans le tuyau d'aspiration et le corps de pompe, ait la même densité. Cette densité étant moindre que celle de l'air extérieur, la pression exercée sur l'eau au bas du tuyau d'aspiration ne fait pas équilibre à l'air extérieur, qui force l'eau de s'élever dans le tuyau d'aspiration, jusqu'à ce que le poids de l'eau élevée et la force élastique de l'air intérieur, fassent équilibre à la pression, de l'atmosphère. Dans cet état de choses, la soupape dormante se ferme par son propre poids (poids dont nous n'avons pas tenu compte dans ce que nous venons de dire, bien qu'il donne un peu plus de densité à l'air au dessous de la soupape dormante qu'à celui qui est entre la base du piston et cette même soupape). En descendant le piston, on comprime l'air compris entre la base du piston et la soupape dormante ; aussitôt que cet air a acquis une force élastique plus grande que celle de l'air extérieur, il soulève la soupape du piston et s'échappe pendant que le piston revient au point d'où il était parti. L'air qui reste au bas du corps de pompe a la même densité que l'air extérieur. Si le piston remonte, les observations précédentes auront encore lieu, l'eau s'élèvera encore dans le tuyau d'aspiration. Après quelques coups de piston, l'eau atteint la soupape dormante, la soulève et entre dans le corps de pompe. Alors le piston, en descendant, plonge dans l'eau qu'il foule, sa soupape s'ouvre ; l'eau passe au-dessus du piston et s'élève bientôt jusqu'au tuyau de décharge, suivant la hauteur plus ou moins grande à laquelle on doit élever l'eau.

Les soupapes ne sont pas toutes faites comme celles que nous avons décrites, et qu'on nomme soupapes à *clapets*. Quelquefois ce sont des cônes tronqués d'un centimètre de hauteur, ayant une tige comme un champignon ; elles sont tenues dans leur position verticale au moyen de pièces dans lesquelles la tige passe, va et vient librement, sans pouvoir en sortir ; elles sont désignées sous le nom de *soupapes à coquilles*.

242. *Quelle est la quantité d'eau qu'élève la pompe à chaque coup de piston ?*

Dans sa course, le piston soulève une colonne d'eau qui a pour base celle du piston, et pour hauteur tout le jeu du piston ; c'est évident.

243. *Quelle est la force qu'il faut employer pour mouvoir le piston ?*

Lorsque la pompe produit tout son effet, le piston est dans l'eau élevée au-dessus de la soupape dormante, il descendra donc librement en vertu de son poids, il n'aura à vaincre que le frottement.

11*

Quand il s'élève, il a à soulever son propre poids, le poids de l'eau qui le surmonte; c'est le poids d'une colonne qui a pour base celle du piston, et pour hauteur la distance du piston au tuyau de décharge, et le poids de l'air atmosphérique. A sa base, il est poussé de bas en haut par la pression de l'eau, qui est égale à la pression de l'air atmosphérique, moins la pression de la colonne soulevée, depuis le niveau du réservoir jusqu'à la base du piston. Si l'on retranche cette dernière force de l'autre, on trouvera au résultat la somme des hauteurs de l'eau au-dessus et au-dessous du piston; c'est-à-dire que le piston doit soulever une colonne d'eau qui aurait pour base celle du piston, et pour hauteur la distance entre le niveau du réservoir et le tuyau de décharge.

244. *A quelle hauteur peut-on élever l'eau avec une pompe aspirante?*

On peut-élever l'eau à telle hauteur qu'on voudra, pourvu que la soupape dormante soit placée à environ $8^m,5$ au-dessus du niveau du réservoir, et que l'on ait une force suffisante pour soulever le piston avec sa tige, et la colonne d'eau ayant pour base celle du piston, et pour hauteur celle du tuyau de décharge au-dessus du niveau de l'eau dans le réservoir. Le tuyau dans lequel monte l'eau, depuis la soupape du piston jusqu'au tuyau de décharge, se nomme *tuyau d'ascension*.

245. *Y a-t-il de la différence dans les diamètres des corps de pompe et les tuyaux d'aspiration?*

Dans la pratique, le tuyau d'aspiration et celui d'ascension, ont pour diamètre au plus les 2/3 du diamètre du corps de pompe, et en général la moitié.

246. *Des pompes foulantes.*

On construit les pompes foulantes de plusieurs manières. La figure 111 représente une de ces pompes. Le niveau du réservoir est en BC. Elle est composée d'un corps de pompe EF, dans lequel est le piston, construit comme dans la pompe aspirante. La soupape dormante est en S, tout le corps de pompe est dans l'eau, et le piston exécute son mouvement dans le liquide.

Lorsque le piston P est en repos, il est au point le plus bas de sa course; les soupapes sont fermées, et le corps de pompe, avec une partie du tuyau d'ascension, est rempli d'eau jusqu'au niveau BC du réservoir. S'il monte, il foule l'eau qui est au-dessus, et elle monte dans le tuyau d'ascension; la soupape S' du piston reste fermée, et l'eau, pressée par l'air extérieur, soulève la soupape dormante S et tient rempli le corps de pompe. Lorsque le piston cesse de monter, la soupape S se ferme par son propre poids; s'il descend, il foule l'eau qui est dans le corps de pompe, elle soulève, par la pression du piston, la soupape S', et l'eau entre dans le tuyau d'ascension. Quand il arrive au point le plus bas de sa course, la soupape S' se ferme par son propre poids, et si on remonte le piston, il soulève toute l'eau qui est au-dessus, comme au premier coup de piston. En continuant de faire jouer le piston, l'eau arrive bientôt au tuyau de décharge, placé aussi haut qu'on voudra.

247. *Force qu'il faut employer pour mouvoir le piston, quand l'eau est parvenue au tuyau de décharge.*

Quand le piston monte, outre le poids du piston et celui de la tige qui le fait mouvoir, il élève une colonne d'eau dont le poids, sur la tête du piston, est celui d'une colonne d'eau qui aurait pour base la tête du piston, et pour hauteur la distance de la tête du piston au tuyau de décharge, abstraction faite du frottement; à cette pression nous n'ajoutons pas le poids de l'air, parce que la base du piston est pressée par une force égale, de bas en haut, par la poussée de l'eau produite par la force élastique de l'air extérieur.

En descendant, il doit faire un effort capable de soutenir le poids d'une colonne d'eau qui aurait pour base la tête du piston, et pour hauteur la distance du niveau de l'eau dans le tuyau d'ascension. C'est la colonne dont nous avons parlé lorsque le piston monte. Par conséquent, soit que le piston monte, soit qu'il descende, il a constamment le même effort à faire. La seule différence consiste dans le poids du piston; car, en descendant, son poids n'est pas une résistance, mais un aide à la puissance.

Dans la figure 112, le piston est plein, le tuyau d'ascension est latéral par rapport au corps de pompe, les deux soupapes sont dormantes. On expliquera aisément le jeu du piston, et l'on trouvera facilement quelle est la force qu'il faut employer pour le mouvoir, soit qu'il monte, soit qu'il descende.

248. *Pompes aspirantes et foulantes.*

La figure 113 représente une pompe aspirante et foulante. C'est la réunion des deux pompes dont nous avons donné l'explication. On doit placer la soupape S' aussi proche que possible du corps de pompe, afin que l'espace A soit très-petit. Dans la pompe seulement aspirante, on peut faire descendre le piston jusque sur la soupape S, et si on construit ainsi la pompe, on sera certain qu'elle produira son effet; mais ici, il faut qu'il y ait un espace A entre le piston et la soupape, quand le piston est au point le plus bas de sa course, et s'il arrivait que cet espace fût trop grand, la pompe ne rendrait pas le service qu'on en attend.

249. *Expliquer le jeu de cette pompe.*

Le jeu de cette pompe est comme celui de la pompe aspirante, jusqu'à ce que l'eau se soit élevée au-dessus de la soupape dormante S; alors le piston, en descendant, foule l'eau et la force de passer dans le tuyau d'ascension, et de s'élever aussi haut qu'on voudra, pourvu que la force employée soit suffisante, et que l'établissement de la pompe soit assez solide.

A chaque coup de piston, on élève une colonne d'eau qui a pour base celle du piston, et pour hauteur celle du jeu. C'est ainsi qu'on l'a dit pour les autres pompes.

250. *Quelle est la force qu'il faut employer pour mouvoir le piston ?*

Le piston, en montant, soutient le poids d'une colonne d'eau qui a pour base celle du piston, et pour hauteur l'élévation de cette base au-dessus du niveau du réservoir, sans comprendre le poids du piston et le frottement.

Lorsqu'il descend, il foule l'eau et soutient une colonne qui a même base que le piston, et pour hauteur l'élévation du tuyau de décharge au-dessus de la base du piston.

251. *Ce qu'il convient d'observer, lorsqu'on doit mouvoir le piston au moyen d'un levier.*

Si le levier est un secteur de cercle sur le bras qui soulève et abaisse le piston, que cet arc soit denté et engrène dans la tige taillée en crémaillère, tout se passe de manière à n'exiger que peu de précautions; la force produit toujours son effet, et la tige reste toujours sur une même ligne droite. Mais si la tige du piston tient à un levier par un seul point dans le mouvement de va et vient, la tige se rapproche ou s'éloigne du point d'appui, l'action de la puissance varie, et le frottement du piston sera plus grand que lorsqu'on le tire ou qu'on le pousse, suivant l'axe du corps de pompe. Pour diminuer ces inconvénients, il faut faire en sorte que la droite qui joindra le point d'appui au point d'attache de la tige, soit perpendiculaire à l'axe du corps de pompe, lorsque le piston est au milieu de sa course. Plus le point d'appui sera distant de la tige, moins la tige changera de position, mais aussi moins la puissance produira d'effet.

252. Il a été construit des pompes qui aspirent l'air du tuyau d'aspiration, et élèvent l'eau par un mouvement continu de rotation; mais ces machines très-ingénieuses demandent de grands soins de la part du constructeur, et néanmoins les frottements ne permettent pas d'espérer que la force produise au-delà des 44 centièmes, ce qui n'est pas un terme moyen.

La vis d'Archimède, inventée il y a environ 2100 ans, est fréquemment employée. Elle élève l'eau dans le canal spiral d'une vis, quand elle plonge par un bout dans l'eau, et qu'on tourne dans un sens contraire aux spires, sous une inclinaison d'environ 30°.

DE L'ÉCOULEMENT D'UN LIQUIDE QUI SORT D'UN VASE PAR UN ORIFICE.

253. *Trouver le volume du liquide qui sort d'un vase par un orifice donné avec une vitesse connue, si l'écoulement a lieu pendant une unité de temps.*

Les molécules sortant toutes avec la même vitesse, chaque lame très-mince sortie par l'orifice peut être considérée comme une tranche très-mince d'un prisme droit qui aurait pour base l'orifice; et comme les lames sortent sans interruption et avec la même vitesse, suivant la supposition, elles composeraient un prisme égal en hauteur à la distance parcourue par la première lame pendant l'unité de temps, c'est-à-dire à la vitesse, puisque la vitesse est l'espace parcouru pendant une unité de temps. Donc le volume du liquide sorti pendant une unité de temps sera le produit de la surface de l'orifice multipliée par la vitesse.

Si on voulait trouver le volume d'un liquide sorti d'un vase
pendant 6", par un orifice de 8 centimètres carrés, avec une vitesse de 15 décimèt. par seconde, il faudrait multiplier 8 centim.
carrés par 15 décimètres, et ce produit, multiplié par 6, donnerait le volume demandé. Si l'on rapporte le volume au décimètre
cube, il serait 7,2 décimètres cubes (produit de 0,08 par 15 et
par 6 = 1,20 × 6 = 7,2). On se rappellera que le centimètre carré
est un centième du décimètre carré.

254. *Si l'on pratique une ouverture à la paroi horizontale d'un
vase entretenu constamment plein d'un liquide, le jet, pourvu
que la paroi soit très-mince et que la pression s'exerce de bas en
haut, s'élèvera à très-peu de chose près au niveau du liquide
dans le vase, quelle que soit la distance de l'ouverture au niveau
du liquide.*

Cette expérience nous apprend que le liquide sort avec une vitesse capable de l'élever jusqu'au niveau du liquide. Nous avons
vu (n° 140) que la vitesse d'impulsion de bas en haut était, dans
ce cas, égale à celle que le corps acquérait en tombant de toute
la hauteur. La vitesse du liquide, en sortant du vase par l'orifice,
est égale à celle qu'il aurait s'il était tombé de la hauteur du niveau, et cette vitesse est telle (proportion (3) de la note à la
page 62), que son carré est égal au double de 9^m,8088 multiplié
par la hauteur, ou que la vitesse est égale à la racine carrée de ce
produit.

La pression que le liquide exerce sur les parois d'un vase,
étant la même pour tous les points également éloignés du niveau
du liquide, il est clair que la vitesse du liquide, à la sortie du
vase, sera aussi la même pour tous les points également éloignés
du niveau du liquide, quelle que soit la position de la paroi.

255. *Quels sont les obstacles qui s'opposent à ce que le jet
(n° précédent) s'élève au niveau du liquide dans le vase ?*

La cohésion, le frottement et le poids du liquide qui retombe,
sont des obstacles qui diminuent la hauteur du jet. La cohésion
retient les molécules qui sortent par leur adhérence aux molécules qui ne sortent pas en même temps ; le frottement contre
les parois de l'ouverture diminue la vitesse, et l'eau qui s'est
élevée retombe sur celle qui s'élève, et diminue aussi la vitesse
du liquide.

Lorsque les fonteniers établissent des jets d'eau, ils ont la pré-
caution d'employer des tuyaux fort larges, pour diminuer le
frottement dans les tuyaux, ensuite ils percent la lumière (l'ouverture par laquelle sort le jet) dans une plaque très-mince qu'ils
inclinent tant soit peu, afin que l'eau, ne s'élevant pas perpendiculairement, ne retombe pas sur celle qui s'élève. Ils ménagent
des ventouses sur les courbures des tuyaux, ils y placent des robinets pour en chasser l'air, s'il s'y accumulait.

256. *Trouver la vitesse du liquide, si l'orifice pratiqué dans
une paroi horizontale, est à 2^m,32 au-dessous du niveau.*

La proportion (3) (note de la page 62) nous donne, pour la vitesse, la racine carrée du produit formé du double de la vitesse

acquise par un corps qui tombe. librement pendant une seconde multiplié par la hauteur. Je multiplie donc 9^m,8088 par 2, et j'ai 19^m,16176, et ce résultat par 2^m,32, je trouve 45,512832. La racine carrée de ce nombre, 6^m,746, est la vitesse demandée.

257. *Trouver la quantité d'eau que fournirait par minute une ouverture faite à une mince paroi horizontale, si l'ouverture circulaire ; ayant 23 millimètres de diamètre, était à 2^m,32 au-dessous du niveau du réservoir.*

Je cherche la surface de l'ouverture, exprimée en décimètres carrés, et j'ai au résultat 0,04155. Je cherche aussi la vitesse exprimée en décimètres ; je trouve (question précédente) 67,46 ; je multiplie la surface par la vitesse (n° 253), et je vois qu'en 1″ l'ouverture fournirait 2,803, et pendant 60″ ou 1′, il sortirait 168,18 décimètres cubes, ou 168^{kg},18.

258. *Ce qu'on entend par pouce d'eau.*

Les fonteniers ont une mesure particulière pour évaluer l'eau que fournissent les sources et les fontaines : c'est le *pouce d'eau*, qui donne à peu près 14 litres par minute. C'est la quantité d'eau qui sort par une ouverture circulaire d'un pouce de diamètre, faite à une mince paroi verticale, lorsque la cuvette ou le vase est entretenu constamment plein à sept lignes au-dessus du centre de l'ouverture (ces mesures sont de l'ancien pied de roi). Ainsi on aura autant de pouces d'eau dans l'eau sortie d'une fontaine, qu'il y aura de fois 14 litres dans l'eau recueillie pendant 1′.

Pour prévenir les erreurs, quand on insère dans les actes publics des mesures d'eau de source, il faudrait spécifier tant de litres d'eau à la minute; les demi-pouces, quarts de pouce, etc., disparaîtraient, et tout le monde comprendrait la clause; il n'y aurait de mécompte pour personne.

259. *Ce qu'on entend par hauteur moyenne, lorsque l'ouverture est faite à une paroi non horizontale.*

La hauteur moyenne est celle où il faudrait placer horizontalement l'ouverture, pour qu'il en sortît dans le même temps la même quantité d'eau.

Lorsque l'ouverture est circulaire, on prend pour hauteur moyenne la distance du centre au niveau. Cela suppose que le niveau est distant du centre d'une quantité plus grande que le rayon.

260. Les calculs que nous venons de faire conduisent à des résultats auxquels on a donné le nom de *dépense théorique*, ils ne s'accordent point avec les dépenses effectives. Dans les questions précédentes, si on mesurait l'eau sortie par l'ouverture donnée, on trouverait une quantité beaucoup plus petite, parce que les molécules de l'eau, par exemple, ne sortent pas du vase en filets parallèles à la direction de la colonne, qu'on appelle la *veine fluide*. A l'intérieur du vase, et à quelques centimètres de l'ouverture, les molécules de l'eau se dirigent de tous les côtés, vers l'orifice, en décrivant des courbes rendues sensibles par la direction de la sciure de certains bois, qui s'enfonce dans l'eau et s'y soutient. D'abord le mouvement des molécules est lent, il

s'accroît peu à peu, et lorsqu'elles'sont près de l'ouverture, elles s'y précipitent avec un mouvement très-rapide, suivant une direction oblique à l'axe de la veine. De là résulte un obstacle pour les molécules qui se présentent, et une diminution de la grosseur de la veine, dont le diamètre va diminuant jusqu'à la distance de la moitié du diamètre de l'ouverture ; cette diminution est nommée *la contraction de la veine fluide*. Si à cette distance la veine était coupée par un plan perpendiculaire à sa direction, on ne trouverait plus qu'un diamètre égal aux 0,787 de celui de l'ouverture, et par suite la surface de la section ne serait que les 0,619 de celle de la veine à l'orifice. Ces nombres moyens ont été donnés par des expériences faites avec soin.

Ces nombres nous apprennent que la veine n'a pas réellement pour base la surface de l'ouverture, mais qu'elle en est les 0,619. C'est donc par ce nombre qu'il faut multiplier la dépense théorique pour avoir la dépense effective, puisque la vitesse étant la même, les volumes de la colonne qui aurait pour base l'ouverture, et de celle qui aurait pour base la section la plus étroite de la veine, sont comme les bases. Pour abréger, nommons S, la surface de l'ouverture, P la pesanteur ou la gravité, h la hauteur moyenne, nous aurons pour calculer le volume de l'eau sortie d'un réservoir pendant une seconde, ce produit à faire :

$$0,619 \times S \times \sqrt{2 \times P \times h},$$

et pendant une minute celui-ci :

$$60 \times 0,619 \times S \times \sqrt{2 \times P \times h}.$$

261. *Quel diamètre faudrait-il donner à une ouverture faite à une paroi verticale très-mince d'un réservoir constamment plein, si la hauteur du centre était à 2ᵐ,32 au-dessous du niveau du réservoir, pour avoir 53 litres d'eau par minute ?*

Le produit qu'on doit faire pour avoir la quantité d'eau fournie par une ouverture pendant 1′, se réduit à deux facteurs, lorsqu'on multiplie la racine carrée de $2 \times P \times h$ par 60 et par 0,619. Il n'y aura plus à multiplier qu'un nombre donné par la surface de l'orifice, pour avoir au produit 53ˡ. En divisant donc 53ˡ par le nombre connu, on aura au quotient la surface du cercle cherché, et il sera facile de trouver ensuite le rayon et le diamètre.

La racine carrée de $2 \times 9^m,8088 \times 2,32$, évaluée en décimètres, est 67,463. Je la multiplie par 0,619 et ensuite par 60, et il vient 2505,576. Par ce dernier nombre, je divise 53ˡ ou 53 décimètres cubes, et le quotient 0,021152 est la surface du cercle cherché et dont il faut trouver le rayon.

La surface d'un cercle résulte du carré de son rayon multiplié par 3,142. Si donc nous divisons la surface par 3,142, l'un des deux facteurs, le quotient 0,00673201 sera le carré du rayon. La racine carrée donne pour le rayon 0,08204, et pour le diamètre cherché 16ᵐᵐ,408 ou 16ᵐᵐ,4.

262. Dans les calculs qui précèdent, on voit que, si l'ouverture est la même, la dépense dépendra seulement de la hauteur du niveau de l'eau au-dessus du centre de l'orifice ; puisque c'est le seul facteur du produit qui change en passant d'une hauteur à une autre. Car on se rappellera sans doute que la racine d'un nombre composé de plusieurs facteurs est égale au produit des racines de chacun de ses facteurs ; que, par conséquent, la dépense ne sera double que lorsque la hauteur sera quatre fois plus grande ; triple, que lorsque la hauteur sera neuf fois plus grande, etc. En général, les dépenses par une ouverture de même grandeur, sont proportionnelles aux racines carrées des hauteurs du niveau du réservoir au-dessus du centre de l'ouverture.

263. Une paroi courbe percée ne donne pas la même quantité d'eau qu'une paroi plane percée d'une ouverture égale. Si la concavité est en dehors du vase, la dépense est moindre ; si elle est en dedans, la dépense est plus grande.

En adaptant à l'ouverture un *ajutage* (en d'autres termes un tuyau ou canelle), suivant la forme qu'on lui aura donnée, la dépense changera. Un ajutage cylindrique, de même diamètre que celui de l'ouverture, bien poli intérieurement, peut augmenter d'un tiers la dépense effective en mince paroi, quand l'eau sort à gueule-bée, c'est-à-dire à plein tuyau. Si cet ajutage a en longueur deux ou trois fois le diamètre de l'ouverture, il faudrait multiplier la dépense théorique par 0,82 au lieu de 0,619, pour avoir la dépense effective.

Un ajutage conique, dont la petite base aurait même diamètre que l'ouverture, appliqué contre cette ouverture, donnerait une dépense effective plus grande que la dépense théorique. Cette particularité était connue des Romains ; l'usage des ajutages de cette forme était défendu.

DE LA RÉSISTANCE DES MILIEUX.

264. Lorsque nous avons parlé des obstacles qui s'opposent au mouvement, nous avons dit seulement que les milieux résistaient ; mais nous n'avons pas fait connaître en quoi consistait cette résistance, dont on n'a pas besoin de tenir compte, lorsque les mouvements sont lents et qu'ils s'exécutent dans l'air. Mais lorsqu'ils ont lieu dans les liquides, la résistance doit être prise en considération, même dans l'air, lorsque la vitesse est fort grande.

Milieu.

Par *milieu*, on désigne un espace occupé par un fluide, et dans lequel se meut un corps. Quelquefois on donne le nom de milieu à des corps solides traversés par des fluides. En général, c'est un espace matériel dans lequel un corps se meut ou non.

265. 1° *La résistance des milieux est proportionnelle au carré de la vitesse.*

Les milieux traversés par un corps résistent en vertu de deux causes : l'une est la cohésion des particules du fluide, qui tiennent les unes aux autres par l'attraction réciproque ; l'autre est l'inertie des mêmes particules. La première est si faible qu'on n'en tient pas compte. Je passerai à la seconde.

Je supposerai que les molécules du fluide cèdent au moindre effort et qu'elles sont dures. Cela posé, si deux corps A et B se meuvent dans un milieu avec des vitesses, telles que celle de B soit double de celle de A, dans un temps très-court, B parcourt un espace double de celui que parcourt A; par conséquent, B rencontre deux fois plus de molécules du fluide que A, il choque donc deux fois plus de molécules que A, et s'il donnait à chaque molécule une quantité de mouvement égale à celle que A leur communiquerait, la résistance que B trouverait dans le fluide serait double de celle que A y éprouve; mais B, ayant une vitesse double de A, imprime aussi aux molécules du fluide une vitesse double de celle que leur donne A. Par conséquent, chaque molécule du fluide a une quantité de mouvement double de celle que leur communiquerait A. B, perdant de son mouvement précisément autant qu'il en communique, perdra quatre fois autant que A, puisqu'il rencontre deux fois autant de molécules, et qu'il communique à chacune une quantité de mouvement double. Si m est la masse choquée par A dans un temps très-court, et v la vitesse imprimée, mv sera la quantité de mouvement qu'il aura perdue (n° 169). $2m$ sera la masse choquée par B dans le même temps (A étant égal à B), et $2v$ sera la vitesse imprimée, la quantité de mouvement sera donc (n° 128) $4mv$; et comme c'est exactement la quantité de mouvement perdue par B, je puis dire que la résistance de A est à celle de B comme mv est à $4mv$ ou comme $v : 4v :: v^2 : 4v^2 :: v^2 : (2v)^2$, comme les carrés des vitesses.

La vitesse de B étant triple de celle de A, je pourrais, en raisonnant comme je viens de le faire, dire que la masse choquée par B est triple de celle que choque A; que la vitesse imprimée par B à chaque molécule est triple de celle qu'a imprimée A; que, par conséquent, mv étant la quantité de mouvement imprimée par A, $9mv$ sera celle qu'imprime B; les quantités de mouvement imprimées, étant égales aux quantités de mouvement perdues, seront dans le rapport de $mv : 9mv$, ou de $v : 9v$, ou $v \times v : 9v \times v$, ou $v^2 : 9v^2$, ou $v^2 : (3v)^2$, ou comme les carrés des vitesses.

2° La résistance est proportionnelle à la densité du liquide, car si la densité est double, par exemple, il y a dans le même espace deux fois plus de particules; par conséquent, un corps, dans son mouvement, rencontre deux fois plus de molécules dans le même temps, etc., la résistance sera double, la masse choquée étant double. Nous raisonnerions de même si la masse était triple, etc. Donc nous pouvons dire que la résistance est proportionnelle à la densité.

3° *La résistance est encore proportionnelle à la surface du corps, si elle est plane.*

Cela est évident, quand la surface est plane et perpendiculaire à la direction du mouvement du corps. Une surface double choque deux fois plus de molécules; une surface triple choque trois fois plus de molécules; ainsi de suite. Donc la résistance est proportionnelle à la surface du corps quand elle est plane.

266. La résistance du milieu peut donner au mobile un mou-

vement de rotation autour de son centre de gravité, suivant la
conformation de la surface. Qu'un corps A ait reçu une impulsion
suivant une droite passant par le centre de gravité, il se mouvra dans le vide sans mouvement de rotation. Si la surface est
symétrique, comme la surface d'une sphère, il se mouvra dans
un milieu comme dans le vide, sans tourner sur lui-même, parce
que la résultante de tous les efforts partiels qu'il est obligé de
faire, passera par le centre de gravité et aura même direction
que celle du mouvement. Mais si le corps présente d'un côté une
surface plus grande que de l'autre, ou si la résultante des efforts
partiels, produite par le choc des molécules, ne passe pas par le
centre de gravité, il y aura un mouvement de rotation et un très-
grand retard.

267. Que le corps mis en mouvement dans un fluide choque
lui-même les particules du fluide, ou que le corps étant en repos
soit choqué par le fluide en mouvement, les résultats du choc
sont les mêmes.

Toutes les expériences qu'on a faites sur le choc des corps en
mouvement dans un fluide, prouvent que la résistance est proportionnelle au carré de la vitesse, mais elles ne s'accordent pas
sur tous les autres points. Dans le calcul, on suppose que les molécules choquées sont anéanties et disparaissent. Cette supposition n'a pas lieu dans la réalité, il reste donc à faire sur ce sujet,
et l'on peut aisément concevoir que la forme du corps en mouvement dans un liquide influe sur la résistance qu'il éprouve. Si
cette surface était concave, et qu'on voulût l'opposer au mouvement du fluide, il est certain que la résistance serait beaucoup
plus grande, parce que les molécules qui ont produit un choc ne
disparaissent pas, et qu'elles reçoivent le choc des molécules qui
arrivent, et, le transmettant au corps, elles s'embarrassent et retardent le mouvement.

On se rappellera que l'air est un fluide élastique, que la résistance qu'il oppose devient double à cause de son élasticité, et
qu'elle est telle que les mouvements accélérés peuvent s'y transformer en mouvements uniformes, lorsque la vitesse s'accroît
précisément d'une quantité égale à la résistance. Sur la mer, les
vents agissent constamment sur les voiles d'un vaisseau, et cependant le mouvement accéléré que prendrait le vaisseau au départ, trouve bientôt la résistance de l'eau, qui le change en mouvement uniforme.

268. *Réfraction.*

On appelle *réfraction* le changement de direction qui arrive à
un corps lorsqu'il passe d'un milieu dans un autre, qu'il pénètre
plus ou moins facilement.

269. *Qu'arrive-t-il à un corps sphérique qui passe, par
exemple, de l'air dans l'eau ?*

Un corps sphérique qui se meut dans l'air s'y meut en ligne
droite et avec un mouvement retardé, si on n'a égard qu'à la
force instantanée à laquelle il a obéi. Son mouvement est retardé

jusqu'à ce qu'il rencontre l'eau, dont je ne suppose pas la surface agitée. Si la direction du mouvement est perpendiculaire à la surface de séparation des deux milieux, cette direction verticale ne sera pas changée, puisque tout est égal de part et d'autre. Mais si la ligne droite, suivant laquelle se meut le centre de la sphère, est oblique AC, (fig. 115), DE étant la surface de l'eau, le premier point B de la surface de la sphère, qui rencontrera l'eau, éprouvera une résistance plus grande que le point B′ correspondant, puisque B choque un fluide plus dense que l'air; l'excès de la résistance étant décomposé en deux autres forces, l'une parallèle à AC, et l'autre qui lui sera perpendiculaire, produira un double effet : il retardera la vitesse du mobile et éloignera le centre de la sphère de sa direction, en l'empêchant de s'approcher autant qu'il l'aurait fait de la surface de l'eau. Ce qui vient d'être remarqué pour le point B s'appliquerait également à chacun des autres points de la sphère qui viennent rencontrer l'eau ; par conséquent, la direction du mobile changera à chaque instant, et le centre de la sphère décrira, en vertu des vitesses dont il est animé, une courbe très-petite, jusqu'à ce que la moitié de la sphère choque l'eau. Cette courbe tournera sa convexité vers la surface de l'eau, et le mobile finira par décrire une droite tangente à la courbe, faisant avec DE un angle plus petit que celui que fait AC avec la surface de l'eau.

Si l'on prolonge AC jusqu'à sa rencontre avec DE en F, et qu'on mène la verticale FG, FH direction du mobile, lorsqu'il sera plongé, fera avec FG un angle plus grand que AFG. On dit aussi que le mobile s'éloigne de la perpendiculaire en passant de l'air dans l'eau. Il serait facile de prouver qu'il y a un mouvement de rotation acquis par la sphère, lorsqu'elle rencontre la surface de l'eau.

Si le mobile sortait de l'eau, suivant HF, pour passer dans l'air, il prendrait la direction FA. C'est évident.

270. Cette proposition, qu'*une sphère qui passe de l'air dans l'eau s'écarte de la perpendiculaire*, ne saurait être appliquée à tous les corps, car on en trouverait dont la surface serait telle que la réfraction serait nulle, et d'autres qui se rapprocheraient de la perpendiculaire. Il en est de même des corps qui tombent verticalement sur l'eau. Les corps symétriques, par rapport à la ligne suivant laquelle se meut le centre de gravité, sont les seuls qui n'éprouvent pas de déviation à la rencontre de l'eau, lorsqu'ils tombent verticalement.

Parler ici des ricochets serait hors du plan que je me suis proposé.

DE LA VAPEUR.

271. Si on jette les yeux sur l'eau bouillant dans un vase découvert, on voit une espèce de fumée qui sort d'autant plus vite et d'autant plus épaisse que le feu est plus actif. Ce sont des particules de l'eau devenues plus légères que l'air, puisqu'elles s'élèvent dans l'atmosphère. Elles ont été nommées *vapeurs*. Nous ne parlerons de la vapeur qu'autant qu'elle sera produite par l'é-

bullition de l'eau, afin que nous puissions donner une idée des services qu'elle rend à l'industrie, en transmettant la puissance du calorique, qui dilate les corps, fond les métaux et en réduit quelques-uns en vapeur.

272. *La vapeur exerce une pression.*

Si l'on place sur un vase, dans lequel on fait bouillir de l'eau, un couvercle assez bien ajusté pour fermer le vase par son propre poids, comme une soupape, on aperçoit, quand l'eau bout même avec modération, que la vapeur soulève de temps en temps le couvercle et sort en partie du vase. Ce qui prouve qu'elle exerce une pression capable de soulever le couvercle et le poids de l'atmosphère.

273. *La vapeur est élastique.*

La vapeur est élastique, mais cette force, qu'on nomme *tension*, a cependant des limites dépendantes de la température de la vapeur. Elle diminue quand on refroidit la vapeur; elle diminue aussi quand la compression qu'on lui fait éprouver excède les limites qu'on a déterminées par des expériences très-précises.

274. Pour mesurer sa force élastique, pendant qu'on élevait sa température, on a pris pour unité le poids moyen de l'atmosphère, et l'on a trouvé, par des expériences directes et très-précises, le *maximum* de cette force, depuis une atmosphère jusqu'à 24. Au moyen du calcul on a pu, avec un peu moins de certitude, étendre la mesure jusqu'à 1000 atmosphères.

Forces élastiques de la vapeur d'eau, et températures correspondantes.

FORCES ÉLASTIQUES exprimées en atmosphères de 76 centim. de mercure.	TEMPÉRATURES correspondantes données par le therm. centig. à mercure.	PRESSION sur un centimètre carré en kilogrammes.	FORCES ÉLASTIQUES exprimées en atmosphères de 76 centim. de mercure.	TEMPÉRATURES correspondantes données par le thermomètre à mercure.	PRESSION sur un centimètre carré en kilogrammes.
1	100	1,033	12	190,0	12,396
2	121,4	2,066	14	197,19	14,462
3	135,1	3,099	16	203,60	16,528
4	145,4	4,132	20	214,7	20,660
5	153,08	5,165	25	226,3	25,825
6	160,2	6,198	30	236,2	30,990
7	166,5	7,231	35	244,85	36,155
8	172,1	8,264	40	252,55	41,320
9	177,1	9,297	45	259,52	46,485
10	181,6	10,33	50	265,89	51,650

POMPE A FEU.

275. *Machine à simple effet* (fig. 116).

« Dans les machines à *simple effet*, le cylindre B, dans lequel se meut le piston, communique, par sa partie supérieure, avec l'atmosphère; par sa partie inférieure, il est en communication : 1° au moyen du robinet R, avec la chaudière où se forme la vapeur; 2° au moyen du robinet R' avec le *condenseur* C, dans lequel on fait constamment arriver un courant d'eau froide. La tige du piston est fixée par une articulation, à un balancier portant à son extrémité un contre-poids. Quand le robinet R est ouvert, le cylindre est en communication par sa base avec la chaudière; la vapeur à 100°, qui le remplit, presse de bas en haut le piston avec une force élastique égale à celle de l'atmosphère, et ce piston, également pressé au-dessus et au-dessous, est soulevé par le contre-poids. Quand il arrive au plus haut point de sa course, le robinet R se ferme et le robinet R' s'ouvre, et aussitôt la vapeur du cylindre se liquéfie presque en totalité dans le condenseur en ne conservant plus qu'une tension correspondante à la température de l'eau froide; c'est-à-dire, une tension correspondante à quelques centimètres de mercure. Dès cet instant, le piston, pressé plus fortement au-dessus par l'air atmosphérique, s'abaisse en vertu de cet excès de force, et entraîne avec lui le contre-poids. Quand le piston est parvenu au point le plus bas de sa course, les communications s'établissent en ordre inverse, et la même série de phénomènes se reproduit. »

276. *Machine à double effet* (fig. 117).

« Dans la machine à double effet, le piston ne reçoit son mouvement que de la vapeur et non plus de l'air atmosphérique. La chaudière communique par un double robinet avec le haut et avec le bas du cylindre. Il en est de même du condenseur. Alors les robinets situés aux extrémités d'une même diagonale sont toujours ouverts ensemble ou fermés ensemble. Ainsi, supposons que R1 et R3 soient ouverts, la vapeur au-dessous du piston aura une force élastique correspondante à la température de la chaudière, au-dessus une tension presque nulle, à cause de sa communication avec le condenseur; par conséquent, le piston se soulèvera, les communications s'établiront d'elles-mêmes dans un ordre inverse, aussitôt que le piston sera parvenu au haut du cylindre, et alors la vapeur au-dessous du piston, étant en contact avec le condenseur, ne conservera que quelques centimètres de tension; au-dessus, la tension sera la même que dans la chaudière, et le piston s'abaissera. La tige du piston traverse le fond supérieur du cylindre dans une boîte à cuir, et communique son mouvement à la tige d'un balancier. Ce mouvement oscillatoire peut ensuite être facilement transformé en mouvement de rotation et appliqué à vaincre toutes sortes de résistances. »

12

277. *Machines à haute pression.*

« Dans un grand nombre de machines, on emploie la vapeur à une température supérieure à 100°, et à une tension de plusieurs atmosphères. On les appelle machines à *haute pression*. Le condenseur peut encore être employé dans ces machines, surtout quand elles sont établies à demeure et qu'on peut disposer d'une grande quantité d'eau. Cette eau du condenseur, où la vapeur vient se liquéfier et déposer son calorique latent, peut d'ailleurs être avantageusement utilisée. Mais dans les machines locomotives, un condenseur ne peut plus exister; alors on se contente de mettre en communication avec l'air extérieur la partie du cylindre où la vapeur a produit son effet, et où l'on veut diminuer la pression. L'air est dans ce cas le véritable condenseur. »

Tel est le principe sur lequel repose l'effet des machines à feu; mais pour avoir une idée complète de ces machines, il faut les étudier dans toutes les parties de leur mécanisme, et recourir à cet égard aux traités spéciaux.

NOTES.

278. *Si par le sommet* A *de l'angle du parallélogramme* ABCD *(fig. 118), on tire une droite* AM *hors de l'angle* BAD *et de son opposé au sommet, ou dans l'angle* BAD (fig. 119), *et qu'on abaisse les perpendiculaires* DP, BP′ *et* CP″ *sur* AM, *on aura* (fig. 118) CP″ = DP + BP′, *ou* (fig. 119) CP″ = DP — BP′.

Pour le prouver, menez la droite DE parallèle à AM, elle sera comme AM, perpendiculaire sur CP″; les triangles rectangles EDC et P′AB sont égaux, parce qu'ils ont les hypothénuses égales, AB = DC comme côtés opposés du parallélogramme, et l'angle aigu.EDC est égal à l'angle P′AB, comme ayant les côtés parallèles et l'ouverture tournée du même côté; donc CE = BP′. On a aussi EP″ = DP comme parallèles comprises entre parallèles. Donc CP″ = EP″ + CE = DP + BP′ (fig. 118), et CP″ = EP″ — CE = DP — BP′ (fig. 119).

279. *Si l'on prend sur* AM *un point quelconque* F, *et qu'on tire* FD, FB *et* FC, *on aura le triangle* AFC = AFD + AFB (fig. 118), *ou le triangle* AFC = AFD — AFB (fig. 119).

Ces trois triangles ont même base AF. La mesure de AFD = 1/2 AF × DP, celle de AFB = 1/2 AF × BP′; leur somme donne 1,2 AF × DP + 1/2 AF × BP′ = 1/2 AF × (DP + BP′) = 1/2 AF × (EP″ + CE) = 1/2 AF × CP″ (fig. 118).

Leur différence sera 1/2 AF × DP — 1/2 AF × BP′ = 1/2 AF × (DP — BP′) = 1/2 AF × CP″ (fig. 119).

Donc le triangle, dont l'un des côtés est la diagonale AC du parallélogramme, est égal à la somme ou à la différence des deux autres, suivant que le point F est hors de l'angle BAD, ou dans cet angle, ou dans son opposé au sommet.

280. *Trouver le centre de gravité d'un arc de cercle* ABD.

Par le centre C du cercle, tirez EF parallèle à la corde AD, menez le rayon CB qui divise l'arc en deux parties égales. Le centre de gravité sera sur CB, qui divise l'arc en deux parties symétriques (n° 55). Partagez l'arc en parties *mn* très-petites. Le centre de gravité de chacune sera au milieu *i*; et si vous prenez EF pour l'axe des moments, le moment de *mn* sera *mn* × *iq*, *iq* étant la perpendiculaire abaissée du milieu *i* sur l'axe; et par suite, la somme des moments des forces qui agissent sur l'arc sera égale à la somme des produits que vous formerez, en multipliant chaque partie de l'arc par la distance du milieu de chacune à l'axe. Mais si vous abaissez les perpendiculaires mp, nr sur l'axe, et que vous meniez ns perpendiculaire sur mp et le rayon Ci, vous aurez deux triangles semblables, mns et Ciq, comme ayant les côtés perpendiculaires; ils vous donneront $mn : Ci :: ns : iq$, d'où vous tirerez $mn \times iq = Ci \times ns$. ns étant égale à pr, vous pourrez substituer aux produits $mn \times iq$ le produit du rayon multiplié par une partie de la corde, et comme, après avoir remplacé chaque produit de la forme $mn \times iq$, par les produits de la forme $ns \times Ci$, ils auront pour facteur commun le rayon Ci; il faudra, pour avoir leur somme, multiplier la somme des autres facteurs (c'est-à-dire, la corde) par le rayon, donc la somme des moments sera égale au produit de la corde multipliée par le rayon, et si vous divisez ce produit par l'arc, vous aurez au quotient la distance CG.

281. S'il était question de trouver le centre de gravité de la superficie du secteur CAB, on voit clairement qu'en le décomposant en secteurs infiniment petits, chacun d'eux serait un triangle rectiligne, dont le centre de gravité serait aux 2/3 du rayon, à partir du centre. Si on décrit l'arc ab avec un rayon $Ca = 2/3$ CA, cet arc sera formé par les centres de gravité de tous les triangles rectilignes, et par conséquent le centre de gravité de l'arc ab sera le centre de gravité du secteur.

Le secteur est composé d'un segment et d'un triangle, on peut donc, avec le centre de gravité du secteur et celui du triangle, avoir celui du segment.

———————————

NOTE (C).

282. La romaine est si utile et si commode, qu'il ne sera pas déplacé d'entrer dans quelques détails nécessaires pour la bien établir. Celle sur laquelle nous avons trouvé les conditions d'équilibre est idéale, et cependant elle forme le type auquel on doit ramener les romaines qu'on fait construire. Voici le moyen d'en approcher.

Le corps de l'instrument sera parfaitement dressé. Les trois axes qui doivent soutenir la marchandise et servir de point d'appui, seront d'acier trempé; les arêtes du fléau qui doivent indiquer les poids seront, pour plus de facilité dans la construction, parallèles entre elles; la partie plate aura assez d'épaisseur pour que les axes tiennent solidement, et une largeur d'environ quatre fois la longueur de la diagonale du carré des axes qui le traverseront perpendiculairement, afin de satisfaire aux conditions ci-après, sans nuire à la solidité; cette largeur serait moindre, si on forgeait, en même temps que le fléau, les pièces qui remplaceront l'aiguille de la balance.

On pèsera le corps de l'instrument avec les axes sans les chapes, ensuite on pèsera le curseur muni de son crochet ou de son anneau. Le centre de gravité du corps de l'instrument, c'est-à-dire du fléau et des trois axes, sera sur la droite qui est au milieu de l'intérieur du fléau. C'est en ce point que réside, en quelque sorte, tout le poids du fléau. Quant au poids du curseur, lorsqu'il est employé au pesage, il se trouve sur le point de l'arête qui porte le curseur. Sa position varie à chaque pesée différente. Cependant le poids du corps du fléau et celui du curseur, lorsque la romaine est en équilibre, seraient toujours remplacés par un poids unique, égal à la somme des deux poids et appliqué à un point d'une ligne droite qui réunirait le centre de gravité du fléau au point de l'arête qui porte le curseur ; cette ligne droite est dans l'intérieur du fléau. Le point d'application du poids unique diviserait toujours cette ligne en parties réciproquement proportionnelles aux deux poids. Le poids unique sera constamment situé (géométrie) sur une droite parallèle à l'arête qui supporte le curseur, et c'est sur cette parallèle que doivent se trouver le point d'appui et le point qui supporte la marchandise, afin que la romaine soit ramenée au type.

La ligne que nous avons besoin de connaître est dans l'intérieur du corps du fléau, elle est parallèle à l'arête qui sera divisée, et elle est comprise entre celle-ci et la ligne du milieu du fléau ; un seul point suffira donc pour assigner sa position.

La figure 35 représente le plan vertical qui coupe en deux parties égales, suivant sa longueur, la romaine en équilibre (sauf les pièces qui tiennent lieu de l'aiguille dans la balance, et qui ne sont pas figurées).

Pour moins charger la figure, on a supprimé le curseur, les chapes et presque toute la partie de la romaine où sont les divisions. Les lignes Ff et Dd sont une partie des arêtes divisées, EA est la ligne du milieu de la romaine. KLMN est la coupe de la partie plate ; le carré $defg$ est la coupe perpendiculaire à la partie carrée du fléau, on l'a fait tourner autour de df pour la rabattre sur le plan de la figure, à laquelle elle est en réalité perpendiculaire.

Afin d'avoir les points h et h' sur df, on a fait cette proportion : le total des poids de la romaine et du curseur : Af :: le poids du curseur : $x = $ Ah. On a pris A$h' = $ Ah, et on a tiré hb et $h'b'$ parallèles à AB, et on a eu les deux lignes cherchées.

Sur la face de la partie plate de la romaine, la ligne AB doit être au milieu, c'est comme le prolongement de l'arête non divisée. Cette ligne du milieu étant tracée, les lignes hb et $h'b'$ y seront tracées comme sur la figure KLMN.

Les trois petits carrés xx', y et z représentent les trous par lesquels passent les axes d'acier. Le trou xx' est pour l'axe qui doit porter la marchandise, il sera percé au milieu de la partie plate et assez près de la ligne KN. Les deux couteaux de cet axe devront rencontrer exactement les lignes ab et $a'b'$, et être perpendiculaires aux faces supposées parallèles. Le trou y est la place de l'axe qui sert de point d'appui, quand on pèse au fort ; il n'a qu'un couteau en y qui sera poli et un peu émoussé, ainsi que les autres ; il rencontrera la ligne ab ; le trou z est la place de l'axe qui sert d'appui, quand on pèse au faible. Son couteau, par son tranchant, aboutira à la ligne $a'b'$. Les couteaux x et y, x' et *x* seront dans des plans perpendiculaires aux faces de la partie plate, et seront parallèles aux arêtes de la partie carrée du fléau. Le crochet auquel on suspend la marchandise doit être plus long que les chapes qui supportent les points d'appui, afin que les chapes ne portent jamais sur la marchandise ; dans la pesée, elles en diminueraient la quantité.

Les deux trous xx' et y n'exigent, pour être percés, aucune observation pour la distance, si ce n'est qu'il faut que la chape du crochet tourne librement, sans gêner le mouvement de celle qui porte le point d'appui ; d'ailleurs ils seront aussi près que possible pour que la romaine pèse des poids plus considérables.

La position du trou z et le poids du curseur dépendent l'un de l'autre, parce qu'il faut que le plus grand poids qu'on peut peser au faible soit exactement le plus petit au fort. Si l'axe est posé en z, il faut, par le tâtonnement ou des essais, trouver le poids du curseur. Ce moyen convient aux ouvriers. Si le poids du curseur est donné, on trouve la position de l'axe, ce qu'on peut faire ainsi :

On pèse au fort le plus petit poids, on tourne la romaine comme si on voulait peser au faible, on établit la romaine sur un tranchant de niveau, on place le curseur à l'extrémité du fléau ; on fait ensuite glisser la romaine sur le tranchant, jusqu'à ce qu'il y ait équilibre ; on marque la place du tranchant, et avec une équerre, on transporte le point en z. En perçant le trou, il faut le tenir un peu plus près de xx', afin de ne pas interrompre la série des poids qu'on pèsera avec la romaine. Il vaut mieux perdre une ou deux divisions, plutôt que de s'exposer à une interruption dans la série.

On remarquera qu'une chape aide le curseur ou la puissance, quand on pèse au fort, et que l'autre favorise la résistance, quand on pèse au faible. On pèsera chacune de ces chapes qui, pour la régularité, doivent avoir même forme, et à peu de chose près même poids.

Il est presque inutile de recommander de donner au fléau assez de force pour que le curseur ne le fasse pas plier quand il sera à l'extrémité de ce bras.

NOTE (d).

283. Lorsqu'une romaine est en équilibre, les quatre forces qui exercent leur action sur le fléau ont une direction perpendiculaire au fléau, qui est alors horizontal. Les moments de ces forces doivent être pris par rapport aux verticales passant par les points d'application. Si l'on pèse au fort, le poids de la chape qui supporte le point d'appui quand on pèse au faible, aide la puissance, et quand on pèse au faible, l'autre chape augmente la résistance. Cela posé, voici une question qui peut avoir son utilité.

Étant donnés le fléau d'une romaine, la position des deux points d'appui au fort et au faible, celle du centre de gravité et du point où la marchandise est suspendue, le poids du fléau et celui de la chape, trouver le poids du curseur et celui du plus

*petit poids que l'on puisse peser au fort, et qui soit en même
temps le plus grand de ceux qu'on puisse peser au faible.*

Mesurez la distance du centre de gravité au point d'appui, au
fort et au faible; nommez G le poids connu du fléau, g et g' les
distances mesurées; mesurez aussi la distance du point de suspension de la marchandise au point d'appui, soit au fort, soit au
faible; nommez R le poids inconnu de la marchandise, et r, r'
les distances mesurées; nommez C le poids de l'une des deux
chapes, que je suppose de même poids, parce que dans la construction elles doivent être égales pour la régularité; désignez
aussi par c et c' les distances des chapes aux points d'appui. Appelez P le poids inconnu du curseur, p la plus courte distance du
curseur au point d'appui, au fort, et p' la plus grande distance
du curseur au point d'appui, au faible. Cela posé, quand vous pèserez au fort, vous aurez

$$Rr = Gg + Pp + Cc,$$

quand vous pèserez au faible, vous trouverez

$$Rr' + Cc' = Gg' + Pp',$$

d'où il faut tirer la valeur de P et de R, quantités inconnues.
Multipliez la première équation par r', et la deuxième par r, il
viendra

$$Rrr' = Ggr' + Ppr' + Ccr', \quad Rr'r + Cc'r = Gg'r + Pp'r;$$

retranchez la première de la deuxième, vous trouverez

$$Cc'r = G(g'r - gr') + P(p'r - pr') - Ccr',$$

ou en transposant

$$P(p'r - pr') = G(gr' - g'r) + C(c'r + cr'),$$

d'où

$$P = \frac{G(gr' - g'r) + C(c'r + cr')}{p'r - pr'}.$$

Multipliez la première équation par p' et la seconde par p, et retranchez la seconde de la première; transposez ensuite et vous
aurez

$$R = \frac{C(p'c + c'p) + G(gp' - g'p)}{p'r - pr'}.$$

NOTE (e).

284. *Démontrer que la vitesse moyenne, dans le mouvement
uniformément accéléré, conduit au même résultat que le procédé
rigoureux.*

Pour calculer l'espace parcouru en 5″ par un corps parti du
repos et soumis à l'action de la pesanteur, je sais que cette force
agit sur le mobile constamment, de la même manière et avec la
même intensité; qu'en des temps égaux, la vitesse s'accroît de la
même quantité, et qu'après 5″, la vitesse acquise sera $9^m,8088 \times$
5. Pour abréger, je n'écrirai que 9^m, sauf à mettre dans le résultat $9^m,8088$ à la place de 9^m.

Si je partage le temps $5''$ et la vitesse acquise après $5''$, chacun en 1000000 de parties égales, une partie du temps sera $\dfrac{5''}{1000000}$ et une partie de la vitesse sera $\dfrac{9^m \times 5''}{1000000}$. Je considère maintenant une force instantanée qui, au commencement du mouvement, imprime au mobile la vitesse $\dfrac{9^m \times 5}{1000000}$ par seconde, et qui, après chaque intervalle de temps, égal à $\dfrac{5''}{1000000}$, répète son action et imprime au mobile une vitesse de $\dfrac{9^m \times 5}{1000000}$ par seconde. Les vitesses qu'aura le mobile au commencement de chaque partie du temps seront (n° 127) $\dfrac{9^m \times 5}{1000000} \times 1,\ \dfrac{9^m \times 5}{1000000} \times 2,\ \dfrac{9^m \times 5}{1000000} \times 3,\ \ldots\ \dfrac{9^m \times 5}{1000000} \times 1000000$; et ces vitesses sont évidemment celles que la pesanteur aurait imprimées au mobile pendant les mêmes intervalles de temps écoulés, si elle eût agi constamment.

Pour avoir l'espace parcouru par le mobile pendant chaque instant, depuis le commencement du mouvement jusqu'à l'expiration des $5''$, il faut multiplier les vitesses par le temps pendant lequel a duré le mouvement uniforme (n° 127), ce temps étant $\dfrac{5''}{1000000}$, l'espace total sera donc :

$$\frac{9^m \times 5}{1000000} \times 1 \times \frac{5''}{1000000} + \frac{9^m \times 5}{1000000} \times 2 \times \frac{5''}{1000000} + \frac{9^m \times 5}{1000000} \times 3 \times \frac{5''}{1000000} + \ldots + \frac{9^m \times 5}{1000000} \times 1000000 \times \frac{5''}{1000000},\ \text{ou}$$

$$\frac{9^m \times 5 \times 5}{(1000000)^2} \times (1 + 2 + 3 + \ldots + 1000000) =$$

$$\frac{9^m \times 5 \times 5}{(1000000)^2} \times \left(\frac{1 + 1000000}{2} \times 1000000 \right) =$$

$$\frac{9^m \times 5 \times 5}{(1000000)^2} \times \left(\frac{1000000}{2} + \frac{(1000000)^2}{2} \right) =$$

$$\frac{9^m \times 5 \times 5}{(1000000)^2} \times \frac{1000000}{2} + \frac{9^m \times 5 \times 5}{(1000000)^2} \times \frac{(1000000)^2}{2} =$$

$$\frac{9^m \times 5 \times 5}{(1000000) \times 2} + \frac{9^m \times 5 \times 5}{2}.$$

Remplaçant 9ᵐ par 9ᵐ,8088, je trouverai

$$\frac{9^m,8088 \times 5 \times 5}{1000000 \times 2} + \frac{9^m,8088 \times 5 \times 5}{2}.$$

Plus les instants seront petits, plus les impulsions seront petites et rapprochées, plus aussi le mouvement produit approchera du mouvement engendré par la pesanteur; mais aussi le nombre 1000000 deviendra plus grand, et la première partie du résultat deviendrait de plus en plus petite et inappréciable, si l'on portait très-haut le nombre des parties. Alors la deuxième partie du résultat

$$\frac{9^m,8088 \times 5 \times 5}{2}$$

exprimera seule l'espace que la pesanteur a fait parcourir au mobile soumis à son action pendant 5″.

Quel que soit le nombre des parties conçues dans le temps, la deuxième partie du résultat ne changera pas; la première éprouvera seule une diminution. Si on calculait cette première partie, dans la supposition de 5″ partagées en 1000000 de parties égales, on trouverait qu'elle est plus petite que 2/10 de millimètre. En partageant les 5″ en 1000 fois plus de parties égales, on trouverait que la première partie n'équivaudrait pas à deux dix-millièmes de millimètre, quantité que la meilleure vue ne pourrait saisir.

NOTE (f).

285. *Si l'on coupe un prisme triangulaire droit ABCA′B′C′ par un plan non parallèle à la base* (fig. 122) *et rencontrant les trois arêtes perpendiculaires à la base aux points* a, b, c, *la base ABC sera à la section abc, comme les distances AP et aP des extrémités d'une des arêtes coupées à l'intersection MN du plan de la base et du plan coupant.*

Les droites AP et aP, perpendiculaires à MN, déterminent un plan perpendiculaire à la même droite; il en est de même de BP′ et bP′, CP″ et cP″, abaissées perpendiculairement des points B, b, C et c sur MN. Ces plans, étant perpendiculaires à MN, sont parallèles entre eux. Les triangles PAa, P′Bb, P″Cc sont semblables, puisqu'ils sont rectangles en A, B, C, et que les angles APa, BP′b, CP″c sont égaux, comme mesurant le même angle dièdre, formé par le plan de la base et du plan coupant ou de la face opposée. Ces triangles semblables donnent cette suite de rapports égaux : PA : Pa :: P′B : P′b :: P″C : P″c.

Les trapèzes APP′B et aPP′b ont pour hauteur commune PP′; par conséquent, ils sont entre eux comme la somme de leurs bases. On a donc : trapèze APP′B : trapèze aPP′b :: PA + P′B : Pa + P′b :: PA : Pa, à cause des rapports égaux précédents. De même on a trapèze BP′P″C : trapèze bP′P″c :: PA : Pa, parce qu'ils ont pour hauteur commune P′P″. On a encore : trapèze

APP″C : trapèze $aPP″c$ :: PA : Pa, puisque PP″ est la hauteur commune à ces deux figures.

On aura donc pour les six trapèzes cette suite de rapports égaux PABP′ : PabP′ :: P′BCP″ : P′bcP″ :: PACP″ : PacP″ :: PA : Pa ; par suite, les sommes ou les différences de deux de ces trapèzes seront entre elles comme PA : Pa.

Le triangle

$$ABC = \text{trapèze PACP″} - (\text{trapèze PABP′} + \text{trapèze P′BCP″}),$$

$$abc = \text{trapèze P}ac\text{P″} - (\text{trapèze P}ab\text{P′} + \text{trapèze P′}bc\text{P″}).$$

Donc triangle ABC : triangle abc :: trapèze PACP″ — (trapèze PABP′ + trapèze P′BCP″) : trapèze PacP″ — (trapèze PabP′ + trapèze P′bcP″) :: PA : Pa.

286. Il suit de cette proposition que, si l'on a un prisme droit tronqué, dont la base soit un polygone quelconque, la base sera à la face qui lui est opposée, comme les distances des extrémités d'une des arêtes parallèles, à la commune intersection des plans de la base et de la face opposée.

Car en partageant le polygone de la base en triangles par des diagonales, et en faisant passer par les diagonales et les arêtes correspondantes des plans, on divisera le prisme proposé en prismes triangulaires droits et tronqués, dont les bases et les faces opposées, seraient entre elles dans le rapport des distances des extrémités de l'une des arêtes du prisme proposé, à la commune intersection de la base et de la face opposée. Par conséquent, la somme des triangles de la base sera à la somme des triangles de la face opposée dans le même rapport.

On peut substituer au rapport PA : Pa celui de ED à Ed, pourvu que D et d soient sur les deux faces opposées et sur la même perpendiculaire à la base, puisque le triangle EDd serait semblable au triangle PAa.

La conclusion précédente ne différerait pas si la base du prisme était limitée par une courbe. Ce serait alors un polygone d'une infinité de côtés, et comme dans ce cas il n'y aurait pas d'arêtes parallèles, le rapport des surfaces de la base et de la face opposée serait celui des distances des extrémités d'une droite quelconque, perpendiculaire à la base et comprise entre les deux faces, à l'intersection des deux mêmes plans.

La base du prisme est appelée *la projection orthogonale* de la face opposée, quand on détermine la base du prisme sur un plan donné, au moyen des pieds des perpendiculaires abaissées du sommet des angles de la figure donnée; les pieds des perpendiculaires sont les sommets des angles de la projection.

La projection orthogonale des figures sert en mécanique, elle est aussi utile dans l'arpentage ; quand on mesure un terrain incliné à l'horizon, et qu'il faut réduire cette surface à ce qu'elle serait sur le plan horizontal, c'est sa projection orthogonale. Je vais en déduire la surface d'une ellipse.

287. Si l'on coupe un cylindre droit, ayant pour base un cercle, par un plan oblique à l'axe, la section sera une *ellipse* plus ou moins allongée, suivant que le plan coupant sera plus ou moins oblique. L'axe du cylindre détermine dans l'ellipse un point nommé *le centre* de l'ellipse. C'est par ce point que passe la plus longue ligne qu'on puisse tirer dans la section, elle est appelée le *grand axe* de l'ellipse. La plus courte des lignes qui passent par ce point est nommée le *petit axe*, il est perpendiculaire au grand axe. Toutes les sections que l'on peut faire dans un même cylindre ont le même petit axe, c'est le diamètre du cercle de la base. Il n'est donc pas d'ellipse qu'on ne puisse regarder comme la section d'un cylindre droit qui aurait pour base un cercle dont le diamètre serait le petit axe de l'ellipse.

L'ellipse, considérée sur le cylindre qu'elle coupe, se projette sur la circonférence du cercle qui est la base du cylindre ; de sorte que, si l'on connait la surface du cercle, on aura celle de l'ellipse qui tronque le cylindre. Projetons-la sur le cercle qui passe par le petit axe, et abaissons une perpendiculaire, de l'extrémité du grand axe sur la circonférence du cercle, elle passera nécessairement par l'extrémité du rayon. Les distances du point projeté sont d'une part le demi-grand axe, et de l'autre le rayon. Pour abréger, nommons b le rayon du cercle ou le demi-petit axe, et a le demi-grand axe. La proportion

$$b : a :: 3{,}142 \times b^2 : x = \frac{3{,}142 \times b^2 \times a}{b} = 3{,}142 \times b \times a,$$

donnera la surface cherchée. Donc, pour avoir la surface d'une ellipse, il faut multiplier le demi-grand axe par le demi-petit axe, et ce produit par 3,142.

288. L'ellipse égale en surface le cercle qui aurait pour rayon une moyenne proportionnelle entre les deux demi-axes.

NOTE (g).

289. Chaque point d'une surface pressée par un liquide supporte une pression égale au poids d'un filet du liquide qui a pour base ce point, et pour hauteur la distance du point pressé au niveau du liquide ; et parce que la pression est perpendiculaire à la surface pressée, tout se passe comme si la surface était horizontale, et que chacun des filets du liquide, devénant solide et vertical, formait avec tous les autres filets un corps solide dont le poids charge la surface. Dans cette disposition des choses, le centre de gravité est le point par lequel passe la résultante de tous les poids des filets ; par conséquent, si nous trouvons le point de la surface rencontré par cette résultante, nous aurons le point cherché, nommé le *centre de pression*. Cette observation s'applique directement à toutes les pressions exercées sur des surfaces planes.

290. *Trouver le centre de pression, lorsque la surface inclinée est un triangle dont la base est au niveau du liquide et le sommet en bas.*

Soit ABC (fig. 124) le triangle incliné, la base AB étant au niveau du liquide et le sommet C enfoncé. Je suppose que le triangle ABC soit placé horizontalemeut (fig. 127), que CS étant verticale, soit la distance du point C au niveau du liquide. Je tire SA et SB, et j'ai la pyramide triangulaire SCAB formée par l'ensemble de tous les filets; car les points de la base AB sont pressés comme ils le sont réellement. Je joins le point C au milieu D de AB. Prenant DI égale au tiers de CD, à partir de D, et tirant SI, le centre de gravité de la pyramide sera au quart de SI, à partir de I; abaissant du point g la perpendiculaire gG, le point G sera le centre de pression, situé au milieu de CD. En effet, CI $=$ 2/3 CD, IG $=$ 1/4 CI (comme gI est 1/4 de SI). Or, CG $=$ CI $-$ IG $=$ 2/3 CD $-$ 1/4 de 2/3 CD $=$ (2/3 $-$ 2/12) CD $=$ 6/12 CD $=$ 1/2 CD.

Donc le centre de pression du triangle ABC (fig. 124) est au point G situé au milieu de la droite CD, qui divise la base AB en deux parties égales.

J'aurais pu arriver au même résultat par des considérations différentes : si j'avais observé qu'une ligne horizontale, tirée dans le triangle, était également pressée; que, par conséquent, la résultante de la pression qu'elle supportait passait par le milieu; que toutes les droites parallèles à AB étant dans le même cas, la résultante de toutes les pressions passait par l'un des points de la droite CD, qui divise en deux parties égales toutes les droites parallèles à AB. J'aurais prouvé, avec quelques proportions, que les éléments rectangulaires de la pression, pris à égale distance de C et de D, étaient équivalents; que, par conséquent, les pressions de deux points de CD, également éloignés de C ou de D, ou bien du milieu G, avaient pour résultante une pression qui passait par le milieu G de CD; que, par suite, la résultante totale ou le centre de pression était en G.

Les produits qui exprimaient les éléments rectangulaires auxquels les pressions partielles sont proportionnelles vont croissant, depuis C ou D jusqu'en G, où la surface est égale à 1/2 AB $\times$ 1/2 CS.

291. *Trouver le centre de pression, lorsqu'un liquide exerce une pression sur un triangle incliné, dont le sommet est au niveau du liquide et la base horizontale.*

Soit CAB le triangle proposé, ayant le sommet C au niveau du liquide et le côté AB horizontal (fig. 125).

Je dispose horizontalement un triangle CAB (fig. 128) égal au triangle proposé. J'élève aux points A et B les deux verticales AE et BD, chacune égale à la distance de la base AB au niveau du liquide. Je mène CE et CD, et j'ai une pyramide quadrangulaire, dont le sommet est en C et la base en ABDE. Le centre de gravité de cette pyramide est en g' au quart de Cg, menée du sommet au centre de gravité de la base, lequel se trouve au milieu de FH, verticale qui divise le rectangle ABDE en deux parties égales. Abaissant du point g' une verticale sur la face CAB, elle coupera CF au point G, situé au quart à partir de F.

Donc le centre de pression est au point G (fig. 125), situé sur la droite CD, qui divise la base en deux parties égales, et aux trois quarts à partir de C.

292. *Trouver le centre de pression du trapèze incliné* ABCD, *dont la base* AB *est au niveau du liquide* (fig. 126).

Divisez les deux bases en deux parties égales en E et F; tirez AF, AC, CE et EF; divisez EC en deux parties $Eg = gC$; prenez Ag' égale aux 3/4 de AF, et tirez gg', qui coupera EF au centre de pression G.

En effet, tous les points de la droite DC horizontale sont également pressés; donc la résultante de toutes les pressions qu'elle éprouve passe par le point F, milieu de cette droite. Toutes les droites parallèles à DC également pressées, sur tous leurs points, éprouvent chacune une pression totale, dont la résultante passe par le milieu; EF, divisant toutes ces lignes en deux parties égales, coupe toutes les résultantes. Par conséquent, elle coupe ou elle est coupée par la résultante totale, donc le centre de pression est sur cette ligne.

La diagonale AC divise le trapèze en deux triangles ABC et ACD, dont l'un, ABC, ayant sa base au niveau du liquide, a son centre de pression en g, au milieu de EC (n° 290), et l'autre, dont le sommet est au niveau du liquide et dont la base est horizontale, a son centre de pression en g' aux 3/4 de AF (n° 291). Les pressions sur les deux triangles, passant en g et en g', leur résultante passera par l'un des points de gg', et comme elle doit passer aussi par l'un des points de EF, elle passera en G, seul point que gg' et EF aient de commun.

293. *Trouver le centre de pression d'un triangle incliné, ayant un sommet de ses angles au niveau du liquide et dont aucun de ses côtés n'est horizontal.*

Disposez horizontalement un triangle égal au triangle proposé. Soit C le sommet au niveau du liquide (fig. 128), élevez au point A une verticale AE égale à la distance du point A au niveau du liquide, et au point B une autre verticale BD, égale à la distance du point B au niveau du liquide. Ces deux verticales ne sont pas égales, la figure ABDE est un trapèze qui sert de base à la pyramide CABDE. Pour avoir le centre de gravité de ce trapèze, divisez ces deux bases en deux parties égales, tirez une diagonale et déterminez les centres de gravité g et g' des deux triangles. Joignez g et g' par une droite, vous couperez la ligne qui divise les deux bases en deux parties égales au centre de gravité du trapèze. Abaissez de ce point une perpendiculaire sur le côté AB du triangle; nommez ce point F; menez CF, faites FG égale au quart de CF, le point G, ainsi déterminé, sera le centre de pression demandé.

294. *Trouver le centre de pression d'un triangle, lorsque ses trois sommets sont au-dessous du niveau du liquide.*

Construisez, sur un plan horizontal, un triangle égal au triangle proposé, et élevez à chaque sommet une perpendiculaire ou verticale égale à la distance de ce sommet au niveau du liquide. Les trois extrémités de ces verticales déterminent un plan qui, joint aux autres, donne un prisme droit tronqué pour le solide, dont le poids est la pression du triangle. Cherchez le centre de gravité de ce prisme, et si vous faites passer par ce point une verticale, elle rencontrera la base au centre de pression. Voilà la solution générale du problème. Voyons les solutions particulières qui peuvent se présenter.

Premier cas. — Si le triangle a un côté horizontal, et que les sommets auxquels il est adjacent soient plus près du niveau du liquide que le troisième sommet, le prisme tronqué aura deux arêtes verticales égales ; et si, par les deux extrémités des arêtes égales, on fait passer un plan parallèle à la base, on divisera le prisme tronqué en deux parties : l'une sera un prisme droit, et l'autre une pyramide comme celle de la figure 127. Le centre de gravité du prisme droit, s'il était seul, donnerait le centre de pression, au tiers de la droite qui joindrait le sommet le plus enfoncé au milieu du côté horizontal, et le centre de gravité de la pyramide serait projeté au milieu de cette ligne. Le centre de la pression cherché sera entre 1/3 et 1/2 de CD sur CI (fig. 127). Pour avoir ce point, cherchez le volume du prisme tronqué et celui du prisme droit, sans la pyramide, en prenant pour hauteur la plus courte arête ; la différence des deux volumes sera celui de la pyramide. Partagez IG en parties réciproquement proportionnelles aux volumes, et vous aurez le point cherché.

Deuxième cas. — Si le côté de niveau est le plus bas, la pyramide qui termine le prisme tronqué sera la pyramide figure 128. Le centre de pression, résultant du prisme droit seul, serait au tiers de CF, et celui résultant de la pyramide serait au quart de CF, partant toujours de F ; donc le centre de pression sera entre un quart et un tiers de CF. Pour assigner ce point, cubez le prisme droit tronqué et celui du prisme droit, vous aurez, dans la différence, le volume de la pyramide, et partagez la droite entre le quart et le tiers, en parties réciproquement proportionnelles aux volumes, et vous aurez la position du centre de pression cherché.

Troisième cas. — Si les trois arêtes sont différentes, faites passer un plan par l'extrémité de la verticale la plus courte, et vous aurez une pyramide comme celle que vous avez trouvée, lorsque l'un des sommets était au niveau du liquide, et qu'aucun des côtés n'était de niveau. Vous chercherez, comme vous venez de le voir dans les cas précédents, le centre de pression que donnerait le prisme seul, et aussi la pyramide seule, ensuite partagez la distance en raison inverse des volumes, qui sont proportionnels aux poids.

295. Ce qui précède indique suffisamment comment on doit procéder au besoin, lorsque la surface plane pressée est un polygone rectiligne.

Disons comment on pourrait trouver le centre de pression, si la surface pressée était un cercle.

On fera passer par le centre un plan vertical. Il déterminera le diamètre qui divise en deux parties égales les cordes de niveau et également pressées, et qui, par conséquent, passe par le centre de pression. Les extrémités de ce diamètre seront, l'une le point le plus pressé, et l'autre le moins pressé du cercle.

On décrira sur un plan un cercle, et on élèvera des perpendiculaires AA′ et BB′ (fig. 123) . aux points A et B , égales à la distance de ces deux points au niveau du liquide. Le solide formé par les filets du liquide sera un cylindre tronqué. La surface supérieure sera une ellipse. Par le point B′, on fera passer un plan parallèle à la base, et le cylindre tronqué sera divisé en deux parties : l'une sera un cylindre, et l'autre un solide compris entre le plan coupant et l'ellipse.

Le centre de pression du cylindre sera au centre de la base ; mais le centre de pression de l'autre partie sera plus long à trouver. On le décomposera en tranches très-minces par des plans perpendiculaires au diamètre AB , les sections seront des rectangles ; on évaluera le volume de chacune, et l'on trouvera le centre de la pression qu'elle exerce sur sa base. Les volumes des tranches et le centre de pression de chacune étant trouvés , on aura la pression résultante par la composition des forces parallèles, puis enfin, le centre de pression de toute la surface du cercle.

NOTE (h).

296. *Si l'on projette un trapèze sur un plan passant par l'une des bases d'un trapèze, la projection sera un trapèze, et les deux surfaces seront entre elles comme les hauteurs des trapèzes.*

Soient ABCD le trapèze proposé, BC l'une des bases tracées sur le plan de la figure , celui sur lequel le trapèze doit être projeté , l'autre base AB étant hors du plan de la figure. Des points A et B abaissons des perpendiculaires AA′ et BB′ sur le plan DCB′A′, joignons A′ et B′ par une droite. AB, étant parallèle à DC, est parallèle au plan A′B′CD, qui passe par DC ; la figure AA′B′B est un rectangle, puisque les angles en A′ et B′ sont droits ; donc A′B′ est égal à AB et en outre parallèle à DC, puisque A′B′ et DC sont parallèles à AB , par conséquent la figure A′B′CD sera un trapèze ; si nous tirons A′D et B′C, elle sera la projection du trapèze proposé.

Soit EF la hauteur du trapèze ABCD. Abaissons du point F une perpendiculaire FG sur le plan A′B′CD, et menons EG. Le plan EFG sera perpendiculaire à AB , puisque FG et FE, étant perpendiculaires à AB , déterminent un plan perpendiculaire à cette ligne, et par suite à toutes ses parallèles ; donc EG est la hauteur du trapèze A′B′CD, comme joignant les pieds de deux perpendiculaires au plan GFE.

$$\text{Le trapèze } ABCD = (1/2\ AB + 1/2\ CD) \times EF,$$

$$\text{Le trapèze } A′B′CD = (1/2\ A′B′ + 1/2\ CD) \times EG;$$

donc nous aurons

$$ABCD : A′B′CD :: (1/2\ AB + 1/2\ CD) \times EF : (1/2\ A′B′ + 1/2\ CD) \times EG$$

ou $$ABCD : A′B′CD :: EF : EG,$$

après avoir supprimé, dans les deux derniers termes de la proportion, le facteur commun, A′B′ étant égal à AB. Cela revient à la proposition générale, note (f).

Si nous projetions le trapèze ABCD sur le plan AA′B′B perpendiculaire à A′B′CD, nous trouverions pour projection le trapèze ABC′D′, et la droite FG en aurait été la hauteur. Nous aurions eu cette proportion :

$$ABCD : ABC′D′ :: EF : FG,$$

et parce que les deux plans de projection sont perpendiculaires entre eux, le triangle EFG est rectangle en G.

Le trapèze deviendrait un parallélogramme, si CD était égale à AB, ou un rectangle, si les angles étaient droits, ou un triangle, si CD se réduisait à un point. La démonstration précédente convient donc à un parallélogramme, à un rectangle et à un triangle.

Si le trapèze ABCD avait été projeté sur un plan parallèle au plan de la figure A′B′CD, ou si le plan de projection avait été parallèle aux bases du trapèze, les conséquences auraient été les mêmes; l'intersection du plan du trapèze et du plan de projection aurait été différente de CD, mais les distances EF et EG auraient été différentes, et elles auraient eu néanmoins le même rapport.

Comme on peut diviser un polygone quelconque en rectangles, trapèzes ou triangles ayant une base parallèle à un plan donné, nous pourrions déduire de la projection du trapèze celle d'un polygone, et conclure comme conséquence la proposition générale de la note (f).

NOTE (i).

297. Nous avons vu (n° 212) que la pression des liquides sur le fond plan et horizontal d'un vase, était égale au poids d'une colonne de liquide, qui aurait pour base le fond, et pour hauteur la distance du fond au niveau du liquide, quelle que fût la forme du vase. Si le fond du vase était un piston mobile, il faudrait y appliquer une force égale à cette pression, pour empêcher le piston de descendre. Examinons ce qui arriverait, si le piston devenait fixe et le vase mobile.

Soit un vase M, dont le fond PP est un piston posé solidement sur un corps N (fig. 130). Supposons que le vase est formé de deux parties cylindriques, portions de deux tubes, réunies par une couronne perpendiculaire aux axes ; faisons abstraction de la pesanteur, et admettons que ce vase, représenté par sa coupe dans la figure ABCDEFGH, glisse avec la plus grande facilité sur le piston PP. Si le vase est rempli de liquide, et qu'il reste constamment plein, le piston PP sera pressé de haut en bas par le poids d'une colonne de liquide, qui aura pour base le fond, et pour hauteur la distance du fond au niveau du liquide. La paroi horizontale ED et CH, formant une couronne, sera pressée de bas en haut avec une force égale au poids d'une colonne de liquide qui aurait pour base la couronne, et pour hauteur CB. Le piston transmet au corps N la pression sur le fond ; et la pression de bas en haut, contre la couronne, forcera le vase à monter ; mais si le vase a une portée en F et G, il cessera de monter lorsque la portée joindra le piston, et la force qui soulevait le vase exercera son action de bas en haut contre le piston, diminuera d'autant la pression qu'il supportait, et la réduira au poids du liquide existant réellement dans le vase.

De là on peut conclure que si un vase est plus étroit dans le haut que dans le bas, comme le vase à droite (fig. 97), la poussée verticale que le liquide exerce de bas en haut contre les parois, diminue la pression sur le fond, et la réduit au poids du liquide contenu dans le vase.

NOTE (k).

298. Dans divers articles, 34 et suivants, particulièrement dans la composition des forces parallèles, nous avons parlé des moments. Nous allons donner une idée de la simplification qu'ils peuvent apporter, dans certains cas, aux opérations nécessaires à la détermination du point d'application de la résultante. Pour ce qui concerne la grandeur de la résultante, elle est toujours égale à la somme des forces parallèles qui agissent dans un sens, moins la somme de celles qui agissent en sens contraire.

Cinq forces parallèles, P, Q, S, T *et* U, *agissant dans le même sens, sont appliquées aux points* p, q, s, t *et* u *d'une droite* Ox, *comme à la figure* 19 (dont nous nous servirons, en supposant que les cinq forces y sont appliquées) ; *trouver la résultante et son point d'application.*

Prenons sur Ox un point O, et mesurons les droites Op, Oq, Os, Ot et Ou. Soient P = 5, Q = 7, S = 2, T = 1 et U = 0,8 ; Op = 2, Oq = 2,3, Os = 3, Ot = 4 et Ou = 9. La résultante sera égale à 5 + 7 + 2 + 1 + 0,8 = 15,8 ; son moment égalera la somme des moments des forces, c'est-à-dire le produit de chacune des forces multipliée par la distance de son point d'application au point fixe, qu'on nomme *centre des moments ;* il sera donc 5 × 2 + 7 × 2,3 + 2 × 3 + 1 × 4 + 0,8 × 9 = 10 + 16,1 + 6 + 4 + 7,2 = 43,3. En divisant cette somme (n° 34) par la résultante 15,8, nous trouverons 2,740 et un reste que nous négligerons. C'est la distance du point d'application de la résultante au centre des moments.

13*

299. Si nous avions pris le point O entre les points d'application, au lieu de le prendre en dehors de ces points (ce qui était plus simple), par exemple, au milieu de s et de t, mesurons Op, Oq et Os, puis Ot et Ou, et soient O$p = 1,5$, O$q = 1,2$, O$s = 0,5$, O$t = 0,5$ et O$u = 5,5$. La résultante sera encore 15,8, et son moment sera égal à la somme des moments des forces qui tendent à faire tourner la droite Ox dans un sens autour du point O, moins la somme des moments des forces qui tendent à la faire tourner en sens contraire autour du même point. Les forces P, Q et S tendent à faire tourner dans le même sens, puisque ces trois forces sont du même côté du point O, et les deux forces T et U, placées de l'autre côté du point O, tendent à faire tourner en sens contraire. Or la somme des moments des forces P, Q et S, résulte de $5 \times 1,5 + 7 \times 1,2 + 2 \times 0,5 = 7,5 + 8,4 + 1 = 16,9$; la somme des moments des forces T et U résulte de $1 \times 0,5 + 0,8 \times 5,5 = 0,5 + 4,4 = 4,9$. La différence des moments $16,9 - 4,9$, donne 12. Divisant par 15,8, nous trouvons 0,759 pour la distance du point de l'application de la résultante au centre des moments, et ce point se trouve du côté où sont les forces P, Q et S qui ont donné la plus grande somme des moments, qui indique la plus grande énergie.

300. De quelque manière qu'on s'y prenne pour trouver le point d'application de la résultante, le point doit être le même; aussi trouvons-nous le même point par les deux calculs. En effet, le premier calcul nous a donné 2,740 pour la distance de ce point au point O; le second nous donne 0,759. En ajoutant ces deux distances, nous devons avoir la distance des deux centres des moments; la somme des deux distances est 3,459, et les deux centres sont à la distance de 3,5; le millième qui manque provient des fractions négligées, mais qui sont trop petites pour en tenir compte.

Ces procédés sont plus simples, surtout le premier, que le calcul qu'on ferait pour déterminer par des règles de trois le point d'application de la résultante par la réduction des cinq forces à quatre, de quatre à trois, etc.

On simplifie un peu le calcul, en prenant pour l'origine des moments ou pour centre le point d'application de l'une des forces, ce qui donne 0 pour son moment; la résultante a néanmoins la même grandeur.

Si le centre des moments se trouvait pris précisément au point d'application de la résultante, on en serait averti par l'égalité de la somme des moments des forces qui tendent à faire tourner dans des sens opposés.

301. *Cinq forces parallèles*, P, Q, S, T *et* U *sont appliquées aux points* p, q, s, t *et* u *d'une droite* Ox; *deux*, P *et* U, *agissent dans un sens opposé aux trois autres; trouver la résultante et son point d'application.*

Soient P $= 5$, Q $= 7$, S $= 2$, T $= 1$ et U $= 0,8$; l'origine des moments étant, comme au n° 298. O$p = 2$, O$q = 2,3$, O$s = 3$, O$t = 4$ et O$u = 9$, la résultante sera $7 + 2 + 1 - 5 - 0,8 = 10$

— 5,8 = 4,2. Elle aura pour moment la somme des moments des forces Q, S et T, moins la somme des moments des deux forces P et U. Or, la somme des moments des trois forces Q, S et T est $7 \times 2,3 + 2 \times 3 + 1 \times 4 = 16,1 + 6 + 4 = 26,1$; celle des moments des deux forces P et U est $5 \times 2 + 0,8 \times 9 = 10 + 7,2 = 17,2$; la différence des moments égale $26,1 - 17,2 = 8,9$, laquelle, divisée par la résultante 4,2, donnera au quotient 2,911.

Les questions de cette nature ne présentent aucune difficulté, si on distingue les forces qui tendent à faire tourner la droite d'application dans un sens, autour du point O, de celles qui tendent à la faire tourner en sens contraire. Toutefois, il ne faut pas confondre les forces qui agissent en sens opposé avec celles qui tendent à faire tourner en sens contraire. Les premières servent à fixer la grandeur de la résultante, en les retranchant des autres; les secondes se composent assez souvent de forces qui agissent en sens opposé, parce que leur position, par exemple, à la droite du point O, fait qu'elles tendent à faire tourner dans le même sens que les forces opposées placées à la gauche du point, et réciproquement. La résultante sera toujours égale à la différence des forces qui agissent en sens contraire, sans égard au mouvement de rotation autour du point O, et elle agira toujours dans le sens des forces qui donnent la plus grande somme de moments.

302. *Quatre forces* P, Q, S *et* T (fig. 130), *agissant dans le même sens, sont appliquées aux points* A, B, C *et* D *du plan de la figure; trouver la résultante et son point d'application.*

Soient $P = 2$, $Q = 6$, $S = 5$ et $T = 7$. Menons sur le plan les deux lignes Ox et Oy, nommées *axes des moments*, faisant entre elles un angle droit. Abaissons des points d'application A, B, C et D, des perpendiculaires sur Ox, Ap, Bq, Cs et Dt, et sur Oy, Ap', Bq', Cs' et Dt'. Mesurons ces perpendiculaires; soient Ap = 2,5, Bq = 5, Cs = 10, et Dt = 13; Ap' = 4,1, Bq' = 15, Cs' = 10,2, et Dt' = 6,7.

La résultante sera égale à la somme des forces, puisqu'elles agissent toutes dans le même sens; elle sera donc $2 + 6 + 5 + 7 = 20$.

Le moment de la résultante, par rapport à Ox, égalera la somme des moments de toutes les forces, c'est-à-dire, $2 \times 2,5 + 6 \times 5 + 5 \times 10 + 7 \times 13 = 5 + 30 + 50 + 91 = 176$; étant divisée par 20, elle donnera 8,8. C'est la distance du point d'application de la résultante à l'axe Ox. Si nous prenons OF' égale à 8,8, et que nous menions E'H', parallèle à Ox, tous les points de cette droite étant également distants de Ox, la résultante passe par l'un de ses points.

Le moment de la résultante, par rapport à l'axe Oy, égalera la somme des moments des quatre forces, pris par rapport au même axe; il sera donc $2 \times 4,1 + 6 \times 15 + 5 \times 10,2 + 7 \times 6,7 = 8,2 + 90 + 51 + 46,9 = 196,1$. Divisant cette somme par la résultante 20, le quotient sera 9,805 pour la distance du point d'application de la résultante à l'axe Oy. Si nous prenons OF = 9,805, et que nous menions FH parallèle à Oy, cette droite aura tous ses points à 9,805 de l'axe Oy, et par conséquent le point cherché sera sur cette droite, mais il doit être aussi sur F′H′, il sera donc au point G de leur intersection.

303. Remarquez que les moments des forces, pris par rapport à Ox, ont été calculés après avoir abaissé les perpendiculaires Ap, Bq, Cs et Dt, égales à Op', Oq', Os' et Ot', comme si ces forces avaient été transportées aux points p', q', s' et t', et qu'on eût pris le moment de ces forces, par rapport au point O ; que le point F′ aurait été le point d'application de la résultante ; que les moments des forces, par rapport à l'axe Oy, ont été calculés après avoir abaissé les perpendiculaires Ap', Bq', Cs' et Dt', égales à Op, Oq, Os et Ot, comme si les forces avaient été transportées aux points p, q, s et t, sur l'axe Ox, et qu'on eût pris les moments par rapport au point O. La question proposée revient donc au cas où les forces sont appliquées sur deux droites perpendiculaires entre elles aux points déterminés par les pieds des perpendiculaires, abaissées des points d'application sur les axes. Après avoir trouvé le point d'application de la résultante sur chaque axe, il suffit de mener par ces points des parallèles aux axes, et l'on a, au point de leur intersection, le point d'application de la résultante sur le plan.

En suivant cet ordre d'idées nous passerions aux cas où les forces parallèles sont appliquées à différents points de l'espace, et nous les ramènerions au cas où les forces seraient appliquées aux pieds des perpendiculaires, abaissées des points d'application dans l'espace, sur trois droites perpendiculaires entre elles. Il suffit, pour l'objet de cet ouvrage, d'avoir indiqué (n° 49) ce qu'il y aurait à faire. La mécanique usuelle n'exige pas souvent qu'on ait recours à des considérations de cette nature.

Quand les forces ne sont pas parallèles, on les décompose, en général, en trois autres forces parallèles aux trois axes rectangulaires, et tout revient alors à trois systèmes de forces parallèles.

Table des pesanteurs spécifiques de différentes substances.

Platine écroui,	23,000	Suif,	0,941
Or pur,	19,362	Lard,	0,947
Argent,	10,474	Beurre,	0,942
Mercure,	13,598	Buis,	0,912
Plomb,	11,352	Chêne frais,	0,930
Cuivre,	8,876	Chêne sec,	0,670
Laiton,	8,395	Orme, le tronc,	0,671
Fer fondu,	7,207	Frêne, le tronc,	0,845
Fer en barre,	7,880	Hêtre,	0,852
Acier,	7,816	Aune,	0,800
Etain,	7,291	Erable,	0,753
Zinc,	6,861	Noyer,	0,671
Antimoine,	6,712	Saule,	0,585
Marbre,	2,837	Tilleul,	0,604
Verre blanc,	2,430	Peuplier,	0,383
Vin de Bourgogne,	0,991	Pommier,	0,733
Vin de Bordeaux,	0,993	Poirier,	0,661
Alcool,	0,837	Prunier,	0,785
Huile d'olive,	0,915	Cerisier,	0,715
Huile de noix.	0,922	Noisetier,	0,600
Huile de lin,	0,940	Sureau,	0,695
Huile de navette,	0,919	Gayac,	1,333
Ivoire,	1,917	Ebénier d'Amérique,	1,331
Cire blanche,	0,968	If,	0,807

TABLE

DES PRINCIPAUX ARTICLES.

ERRATA.

Page 11, ligne 19, CAB, *lisez* CAD.

Page 11, ligne 13, en remontant, $\dfrac{R \times O}{2}$, *lisez* $\dfrac{R \times Or}{2}$.

Page 13, ligne 17, en remontant, AC, *lisez* AB.

Page 26, ligne 12 (fig. 30), *lisez* (fig. 31).

Page 43, ligne 27, GD ou P, *lisez* GD, ou R.

Page 52, tableau. 2e colonne, par kilog., *lisez* en kilog.

Page 62, ligne 13, en remontant, les temps, *lisez* les espaces.

Page 92, ligne 16, $9^m,6$, *lisez* $9^{km},6$.

Page 95, ligne 25, parallèles, *lisez* parallèle.

Page 96, ligne 3, en remontant, $R \times d = r^2mu \times r'^2m'u \times r''^2m''u = (mr^2 \times m'r'^2 \times m''r''^2)\, u$, *lisez* $R \times d = r^2mu + r'^2m'u + r''^2m''u = (r^2m + r'^2m' + r''^2m'') \times u$.

Page 96, ligne dernière, $d = \dfrac{(mr_2 \times m'r'^2 \times m''r''^2)}{R}\, u$, *lisez* $d = \dfrac{(mr_2 + m'r'^2 + m''r''^2) \times u}{R}$.

Page 102, ligne dernière, remplacez g' par K.

Page 114, ligne 7, si nous projetons, *lisez* si (f) nous projetons.

Page 128, ligne 3, $19^m,1676$, *lisez* $19^m,676$.

9 782013 434522